临沂矿业集团十大采矿技术丛书

深部软岩巷道围岩控制机理与支护技术研究

李存禄　赵艳鹏　张进鹏　马　洼　邓晓刚　主　编

中国矿业大学出版社

· 徐州 ·

内 容 提 要

深部岩层地应力高、构造复杂、地质层理裂隙发育，所以深部软岩巷道的围岩控制成为一大技术难题。普通浅部巷道常用的支护技术已经不能满足深部巷道支护的要求。本书针对深部软岩巷道围岩控制问题，基于预应力锚杆的锚固机理，对彭庄煤矿西翼轨道大巷地质条件进行分析，对比分析原方案和新设计方案的工程应用效果。

图书在版编目(CIP)数据

深部软岩巷道围岩控制机理与支护技术研究 / 李存禄等主编. —徐州：中国矿业大学出版社，2020.6

ISBN 978-7-5646-4705-6

Ⅰ. ①深… Ⅱ. ①李… Ⅲ. ①软岩巷道—围岩控制—研究②软岩巷道—巷道支护—研究 Ⅳ. ①TD263.5

中国版本图书馆 CIP 数据核字(2020)第 059117 号

书　　名 深部软岩巷道围岩控制机理与支护技术研究
主　　编 李存禄　赵艳鹏　张进鹏　马　洼　邓晓刚
责任编辑 章　毅
出版发行 中国矿业大学出版社有限责任公司
（江苏省徐州市解放南路　邮编 221008）
营销热线 (0516)83884103　83885105
出版服务 (0516)83995789　83884920
网　　址 http://www.cumtp.com　**E-mail**:cumtpvip@cumtp.com
印　　刷 江苏淮阴新华印务有限公司
开　　本 787 mm×1092 mm　1/16　**印张** 6.5　**字数** 166 千字
版次印次 2020 年 6 月第 1 版　2020 年 6 月第 1 次印刷
定　　价 26.00 元
（图书出现印装质量问题，本社负责调换）

《临沂矿业集团十大采矿技术丛书》
编审委员会

《深部软岩巷道围岩控制机理与支护技术研究》编审委员会

前　言

煤炭是我国的主要能源。长期以来,煤炭在我国一次性能源结构中始终占据主导地位。随着我国煤炭资源开发的进一步发展,开采作业不断向深部转移,矿山井巷将处于更高地应力环境之中,特别是在构造活动强烈地区,残余构造应力大且岩体工程特性较差,传统的普通支护方式已经远远满足不了生产的需要,矿井逐渐出现矿压显现强烈、巷道维护困难等现象,造成生产效率和经济效益下降。

随着浅部煤炭资源的逐渐枯竭,深部煤炭资源的高效开采利用已成为煤炭行业的重要方向。在当前保障我国国民经济健康稳定发展的大环境下,在今后的相当长时间内,我国将重点针对现有煤矿的高效科学开发提出进一步的要求。

深部岩层地应力高、构造复杂、地质层理裂隙发育,所以深部软岩巷道的围岩控制成为一大技术难题。普通浅部巷道常用的支护技术已经不能满足深部巷道支护的要求。本书针对深部软岩巷道围岩控制问题,基于预应力锚杆的锚固机理,对彭庄煤矿西翼轨道大巷地质条件进行分析,对比分析原方案和新设计方案的工程应用效果。

本书第一章对目前围岩控制的国内外研究现状进行分析;第二章阐述了预应力锚杆的锚固机理;第三章对彭庄煤矿工程地质条件进行分析;第四章介绍了西翼轨道大巷原有支护方案的控制效果;第五章提出了西翼轨道大巷围岩峰后应变软化本构模型;第六章根据围岩峰后应变软化模型,对西翼轨道大巷进行数值模拟研究;第七章分析了西翼轨道大巷在设计支护方案下的控制效果;第八章为本书的主要结论。

本书内容取自近年来的研究成果和工程实践,由临沂矿业集团菏泽煤电公司生产技术部组织工程技术人员整理撰写。在本书编写过程中,作者参考了大量的相关文献和专业书籍,谨向上述文献作者表示谢意;同时,向给予指导和参与研究的山东科技大学刘立民教授、山东大学王琦教授等致谢!

由于作者水平和能力有限,书中难免存在疏漏和不足之处,敬请读者提出宝贵意见。

编委会

2019年9月17日

目　录

第一章　绪论 …… 1
第一节　国内外锚杆支护发展现状 …… 1
第二节　巷道围岩控制技术 …… 2

第二章　预应力锚固作用机理 …… 7
第一节　预应力锚杆、锚索 …… 7
第二节　预应力锚杆加固岩体作用分析 …… 9
第三节　左右旋锚杆及锚索强度对比分析 …… 13

第三章　彭庄煤矿工程概况 …… 16
第一节　矿井工程概况 …… 16
第二节　西翼轨道大巷工程概况 …… 24

第四章　原支护方案巷道围岩监测 …… 29
第一节　现场监测内容 …… 29
第二节　现场监测结果及分析 …… 41
第三节　现场监测综合分析 …… 49

第五章　西翼轨道大巷围岩峰后应变软化本构模型研究 …… 52
第一节　围岩峰后力学试验研究 …… 52
第二节　西翼轨道大巷围岩峰后应变软化模型建立及验证 …… 55

第六章　基于围岩峰后应变软化模型的西翼轨道大巷数值模拟研究 …… 63
第一节　数值模拟软件 FLAC3D 介绍 …… 63
第二节　数值计算模型建立 …… 63
第三节　原支护方案数值模拟 …… 66
第四节　支护方案优化数值模拟 …… 68
第五节　数值模拟结果总结 …… 78

第七章　西翼轨道大巷现场试验研究 …… 79
第一节　支护理念 …… 79
第二节　新型支护材料引进 …… 80

第三节　支护及监测方案设计 …… 81
第四节　现场监测结果分析 …… 83

第八章　主要结论 …… 87

参考文献 …… 89

第一章　绪　　论

煤炭是我国的主要能源，其采出方式主要有露天开采和井工开采。目前我国大多数煤矿采取井工开采的方式，在这种开采方式中，面临的主要问题就是巷道围岩的控制。在我国的煤矿中，主要采取锚杆、锚网支护的方式，这些支护方式在一定程度上有效地解决了巷道围岩的稳定性问题[1-6]。在锚网支护中，锚杆是支护的主体，锚杆支护的关键是主动加固围岩。锚杆第一时间施打和第一时间实现合理的预应力是锚杆支护的关键。但是对受动压影响的巷道来说，锚杆系统的支护抗力不仅要承载原岩应力，同时还要承载采矿动压，所设计支护结构应能抵抗和平衡原岩应力和采矿动压的显现，以达到应有的支护效果[7-9]。

但是随着开采条件复杂程度的提高，原有的支护方式出现了一定的问题。比如在支护过程中没有考虑具体的巷道围岩情况，单纯地使用固定的支护方式，导致在对巷道进行支护之后，有的地方锚杆锚固力过剩，有的地方则不足。这就需要采取一定的措施，在支护过程中对具体的围岩情况采取具体的支护方式。

目前全国煤炭行业面临的经营压力很大，应在保障安全生产的同时，采用有效的方法对巷道支护方案进行优化，以获得安全可靠、巷道支护效率高、支护成本低的效果。煤矿巷道掘进与支护过程是一个地质采矿条件动态变化的复杂过程[10-12]，但巷道掘进与支承压力分布是一个“应力场扰动-外界干预（支护外力）-应力场再平衡”的复杂的动态过程。因此，需要根据巷道围岩结构和围岩力学性能的变化动态地调整巷道支护参数，平衡应力场及其导致的围岩变形，以保证巷道支护效果，并使支护参数最优。

合理有效的巷道围岩控制技术不仅能确保矿井生产安全，而且能够提高巷道掘进速度、降低巷道支护费用。针对不同的地质条件，探究经济合理的支护方案，对我国的煤炭安全生产和矿井综合提效具有重要的现实意义，因此本书提出了平衡支护的巷道支护理念。本书旨在对巷道围岩安全有效控制的基础上，降低支护成本，提高巷道掘进速度，提高矿井的综合经济效益，达到理想的巷道围岩支护与控制效果。

第一节　国内外锚杆支护发展现状

我国煤巷锚杆支护技术研究与应用主要经历了三个阶段[13-16]：1980—1990 年为第一阶段，主要进行一些基础性的研究和试验。1991—1995 年为第二阶段，国家把煤巷锚杆支护技术作为重点项目进行攻关，取得了一大批水平较高的科研成果，基本上解决了一般条件下的巷道支护问题。1996 年至今为第三阶段，真正认识和应用高强度锚杆，煤巷锚杆支护技术有了较大的提高，主要有锚梁网组合支护、桁架锚杆支护、软岩巷道锚杆支护、深井巷道锚杆支护、沿空掘巷锚杆支护等。

尽管中国煤矿锚杆支护技术已经得到了广泛的应用，但中国目前的锚杆、锚索种类单一，难以适应不同的地质采矿条件。同时，在理论和科研界，有许多锚杆支护理论，不同的理论会给出不同的锚杆支护机理。典型的支护理论有梁理论、弹塑性松动圈理论、楔体加固理论、拱理论、悬吊理论等。在实际顶板控制实践中，锚杆的支护机理是几种理论综合作用的结果。对彭庄煤矿平巷支护来说应以再强化组合梁理论为基础加以研究。锚杆支护由于显著的技术经济的优越性，现已发展为世界各国矿井巷道以及其他地下工程支护的一种重要形式。

早在20世纪40年代，美国、苏联就已在井下巷道使用了锚杆支护，之后锚杆支护在煤矿、金属矿山、水利、隧道以及其他地下工程中迅速得到发展。美国、澳大利亚等国由于煤层埋藏条件好，加之锚杆支护技术不断地发展和日益成熟，因而锚杆支护使用很普遍，在煤矿巷道的支护中几乎占到了100％。

澳大利亚锚杆支护技术已形成比较完整的体系，处于国际领先水平。澳大利亚的煤矿巷道几乎全部采用W形钢带树脂全长锚固组合锚杆支护技术。尽管其巷道断面比较大，但支护效果非常好。在复合顶板、破碎顶板及巷道交岔点、大断面硐室等难维护的地方，采用锚索注浆进行补强加固，控制围岩的强烈变形。

美国一直采用锚杆支护巷道，锚杆消耗量很大，锚杆的种类也很多，有涨壳式锚杆、树脂锚杆、复合锚杆等，组合件有钢带和桁架，具体应用时根据岩层条件选择不同的支护方式和参数，但其支护方式是与先进的巷道施工及支护机具结合在一起的，是无法刻意复制或模仿的。

第二节　巷道围岩控制技术

围岩应力、围岩强度及巷道支护是决定巷道围岩稳定性的三大要素[17-19]。如何正确选择支护方法和支护参数、降低围岩应力、提高围岩强度是保证巷道稳定的关键。巷道围岩应力变化主要是在岩体内开掘巷道引起的应力集中，以及回采引起的支承压力对巷道的影响；围岩变形是巷道围岩应力重新分布的必然结果，也是衡量巷道矿压显现强烈程度的重要指标，为了防止巷道围岩发生显著变形或垮塌，就要对巷道围岩进行支护[20-22]。

控制巷道围岩变形的措施主要包括巷道支护、巷道布置、巷道保护和巷道卸压等多种形式。其中后三项都是通过主动减弱采动引起的支承压力危害来进行围岩控制的，属于“预防型”措施，而巷道支护属于“治理型”措施。将巷道布置在采动影响小和岩性好的围岩内或者采用卸压的方法降低围岩应力是围岩控制的重要措施和条件，但是巷道位置的选择往往受到地质和开采条件的限制，在一般情况下都需要通过施加支护来控制巷道围岩变形和破坏，保证巷道的安全使用。

一、煤层巷道失稳力学机理

一般认为煤层巷道工程不产生围岩破坏或过大变形而妨碍工程的生产使用和安全，巷道工程即为稳定。煤层巷道工程失稳力学机理实质上是地层压力效应结果，若二次应力值超过了部分围岩的塑性极限、强度极限或使围岩进入显著的流变状态，则围岩就发生显著的变形、断裂、松碎、破坏等现象，表现出明显的地层压力效应。地层压力效应是指地下工程开挖后二次应力重新分布与围岩的变形及强度特性相互作用而产生的一种力学现象。煤层地下工程失稳主要是松动压力、形变压力、膨胀压力对围岩支护结构作用的结果，若巷道工程支护不及时，变形压力和膨胀压力会使围岩破坏并转变为松动压力，从而导致围岩结构失稳。

1. 松动压力作用

松动压力是松动岩体直接作用在地下工程支护上的作用力，大多出现在地下工程的顶端及侧帮，其形成原因是地下工程开挖后，围岩应力重新分布，部分围岩或其结构面脱离母岩而成为分离块体和松散体，在重力作用下，克服较小的阻力产生冒落和塌滑运动。这种压力具有断续性和突发性，很难预见什么时间有多大范围的分离块体会突然塌滑下来，形成这种压力的关键因素是地层的地质条件和岩体的结构条件。在松散地层如断裂破碎带、挤压蚀变带中易于产生松动压力。

2. 形变压力作用

形变压力主要指在二次应力作用下，围岩局部产生塑性变形、黏弹性或黏弹塑性变形，缓慢的塑性变形或者是有明显流变性能的围岩黏弹性或黏弹塑性变形作用在支护结构上形成的支护压力。这种形变压力大多是由于应力重分布产生应力集中，使部分围岩进入塑性或进入流变变形阶段产生的。当岩体强度较高时，无支护时塑性区逐渐扩大，达到一定范围便停止下来，并在弹性及塑性区边界形成一切向应力较高的持力承载环，在软弱煤层巷道中，由于煤体强度较小，当围岩塑性变形过大，塑性区进入了破裂阶段，形成较大的形变压力，则导致地下工程全面失稳破坏。

当有支护时，支护刚度产生抗力，此抗力就是实际的形变压力。支护越早，则支护结构上承受的形变压力越大，围岩塑性变形越小；支护越晚，支护结构承受的形变压力越小。支护刚度越大，支护结构上形变压力越大，反之形变压力越小。通常，软弱煤层变形的速率开始时较大，以后逐渐放缓，支护太早可能会形成过大的形变压力。但若支护太晚，则会使围岩破裂失稳而形成附加的松动压力。理论上讲，测知围岩的变形特性曲线可以用最小代价的支护设计（含合理的支护时间）取得最合理而安全的支护效果。

对于煤矿地下工程而言，巷道围岩的层状结构明显，且围岩的强度一般偏低，部分巷道还会受采动压力的影响，会再次产生应力集中。煤矿中巷道顶板的破坏主要是岩层的破裂和离层引起的，因此，如何控制煤矿巷道的顶板破裂和离层的发生是控制巷道稳定的关键因素。在巷道掘进的短时间内，围岩的弹性变形和塑性变形已经基本结束，维护巷道围岩的目的就是阻止围岩的进一步变形破坏。

图 1-1 所示是巷道开挖后围岩变形 U 与支护抗力 P 之间关系的特征曲线。由特征曲线可以看出，要求围岩产生的变形越小，需要的支护抗力越大。当围岩变形超过允许值时，围岩就产生破坏，形成作用于结构体上的“松散压力”，此时支护结构的荷载反而增大。在特征曲线的 K 点处进行支护，则是以最小的支护抗力维护围岩稳定，及时有效地限制围岩有害变形的发展。

二、动压条件下的沿空巷道破坏形式

由于动压沿空巷道的围岩结构、应力条件以及断面形状等差异，动压沿空巷道围岩破坏形态多种多样[23-27]。根据现场观测和实验室试验结果，动压沿空巷道破坏形式主要有三种类型。

1. 顶帮破坏型

其主要发生在巷道顶板或帮部，岩体中存在软弱结构或松软散体结构的条件下，结构面

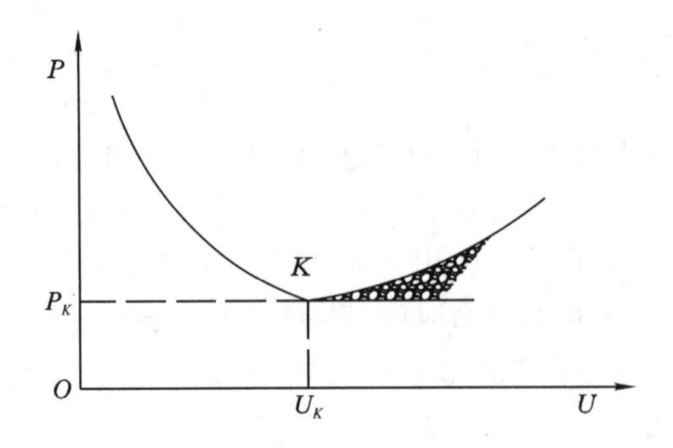

图 1-1　巷道围岩变形与支护抗力之间的特征曲线

对块状岩体的失稳方式和规模起控制作用，围岩的失稳表现为被结构面切割成的块体的坠落，巷道最终形状也受结构面的组合性控制。层状结构岩体的结构面主要是层面，由于层间黏结力弱，沿层面常有层间错动现象。层状岩体变形会导致离层和弯曲折断，失稳方式是崩溃破坏。若围岩为裂隙发育、强度低的岩体，则经常发生冒顶、片帮现象。

2. 底鼓破坏型

如果顶板和两帮煤体完整性较好，强度较大，而底板是强度低的松碎或薄层结构岩层，或是膨胀性软岩，那么巷道围岩破坏主要表现为底板的大量鼓起。底鼓是软岩巷道中非常普遍的矿压现象，按机理和破坏形态可分为挤压流动型底鼓、挠曲褶皱型底鼓、遇水膨胀型底鼓和剪切错动型底鼓。

3. 整体破坏型

当动压沿空巷道围岩岩性相差不大，尤其是三软煤层巷道时，巷道四周受压，周边松动圈很大，围岩呈整体破坏状态，顶板下沉和两帮收敛较大，底鼓量相对较大。整体破坏是三软煤层动压沿空巷道最重要的破坏形式。

三、深部巷道破碎围岩变形分析

对于深部巷道，因其埋深大，巷道围岩长期处在高地应力环境中，采准巷道围岩大都表现出强烈的蠕变特性[28-32]，具体表现为巷道开掘后不久围岩即产生明显的塑性变形、大地压和各种支护发生变形、断裂、折损和破坏等难支护现象。

根据何满潮等对巷道的分类标准，此巷道围岩被称为工程软岩，其变形力学机制属于应力扩容类[33]。工程软岩是指在工程力作用下，能够产生显著的塑性变形和流变的工程岩体。工程岩体多指在工程开挖的范围内的岩体，即我们通常所指的巷道围岩。因此，巷道围岩支护体的主要支护对象为塑性流动区和塑性软化区范围内的岩体。在巷道掘进的短时间内，如何及时对巷道围岩实施支护、最大限度地发挥围岩的自承能力、防止松动破坏区的进一步扩展，已成为控制巷道稳定的关键因素。

为此，必须把巷道支护破坏机理、围岩应力分布与围岩蠕变现象作为一个整体来研究。假定均质围岩内开掘空间为圆形，在径向应力的作用下，经过一定的时间 ΔT 后，巷道围岩径向蠕变距离为 δ，则围岩的蠕变速度 v 与径向应力梯度成正比[34]，即：

$$v=K(\delta_r-\delta_{r_0})/(r-r_0) \tag{1-1}$$

式中 δ_r——距巷道中心 r 处围岩的径向应力；

δ_{r_0}——巷道周边围岩的径向应力；

K——围岩蠕变系数。

为了降低围岩径向应力梯度，只能提高支护的承载能力，从而提高巷道周边围岩的径向应力 δ_{r_0}。当巷道周边围岩的径向应力增高到与原岩的径向应力相等，即 $\delta_r-\delta_{r_0}=0$ 时，则 $v=0$，可以有效地防止围岩蠕变。如果支护壁后受径向应力 δ_{r_0} 挤压破坏的岩石挤入支护空间后，壁后则成为破碎岩体，高应力区会向围岩深部转移。应力差一定时，对应间距增大，对降低蠕变速度、提高支护材料的支护能力是有益的。

蠕变系数 K 是描述围岩物理机械特性的参数。由式(1-1)看出，若 $K=0$，则 $v=0$，表示围岩属于刚性、极稳定的，不需支护。围岩蠕变、缓慢流动性愈强，则 K 值愈大。K 值对围岩蠕变速度有重要影响。

由于围岩蠕变速度大小和方向均不相同，可将式(1-1)改写为[34]：

$$v_x=K\frac{\partial\delta_r}{\partial x}\qquad v_y=K\frac{\partial\delta_r}{\partial y}\tag{1-2}$$

由于巷道围岩性质不同，式(1-2)可改写为[34]：

$$v_x=K_x\frac{\partial\delta_r}{\partial x}\qquad v_y=K_y\frac{\partial\delta_r}{\partial y}\tag{1-3}$$

如果把围岩蠕变现象看成黏性介质的缓慢流动，则围岩的移动应满足连续性方程[34]：

$$\frac{\partial v_x}{\partial x}+\frac{\partial v_y}{\partial y}=0\tag{1-4}$$

将式(1-3)代入式(1-4)，得[34]：

$$\frac{\partial}{\partial x}\left(K_x\frac{\partial\delta_r}{\partial x}\right)+\frac{\partial}{\partial y}\left(K_y\frac{\partial\delta_r}{\partial y}\right)=0\tag{1-5}$$

式中 K_x,K_y——对应轴向的岩石蠕变系数。

式(1-5)可称为巷道围岩蠕变微分方程。该方程对巷道周边以外的一定范围 R 域内都是适用的。

显然，只要式(1-1)与式(1-5)成立，R 域内围岩边界条件为已知时，即[34]：

$$\delta(x,y)\mid_{r_1,r_2}=\sum\delta_r(x,y)\mid_{(x,y)\in r_1,r_2}\tag{1-6}$$

或：

$$K_m\frac{\partial\delta}{\partial n}\bigg|_{r_1}=\pm q(x,y)\mid_{(x,y)\in r_1}\tag{1-7}$$

式中 r_1,r_2——巷道围岩的内外边界；

$K_m\dfrac{\partial\delta}{\partial n}$——巷道周边单位长度围岩蠕变量；

$\delta(x,y)$——巷道围岩 R 域边界上的应力分布函数；

$\delta_r(x,y)$——围岩在 R 域内的应力分布函数；

$q(x,y)$——巷道边界单位长度上围岩的蠕变量(在 r_1 上，规定 q 方向为向巷道内蠕变为正，反之为负)。

从微分方程解法可知，若 R 域外边界上的岩石不移动，即 $K_m\dfrac{\partial\delta}{\partial n}=0$，而内边界上的应力分布函数为已知，或内边界上单位长度的围岩蠕变量为已知，则方程的解是唯一的；反之，人为地控制、改变巷道围岩蠕变量，可调整支护荷载、变形大小及方向，从而达到防止支架及支护系统变形、破坏的目的。

因此，“允许围岩蠕变的让压支护”不仅承载性能好，抗围岩变形能力强，而且能承受动压对支护材料及采准巷道带来的不良影响。

第二章　预应力锚固作用机理

第一节　预应力锚杆、锚索

煤矿开采深度增大的同时，巷道围岩应力也在逐渐加大，因此原有的锚杆支护就较难实现对巷道围岩变形破坏的有效控制，因此必须改进锚杆结构，这样才能增加支护系统的支护强度，达到合理的支护效果。随着矿井开采深度的增加，软岩矿井数量增多。针对软岩的采掘条件，必须对浅部的支护参数进行调整。锚网支护的目标是通过锚杆、锚索的预应力对高地应力破碎围岩进行主动加固，以提高巷道围岩的内摩擦角和黏聚力，进而提高裂隙围岩的承载能力。

作为世界上最大的井工矿煤炭生产国，中国 1980 年起在煤矿岩巷中使用锚杆支护技术，这种支护技术对于浅部矿区采准巷道支护基本上没问题。随着煤矿开采深度的不断加大，现有的等强螺纹钢锚杆已经很难适应复杂的地质采矿条件，其支护采准巷道问题更加突出，而高强锚杆（索）能够更好地控制巷道围岩，主要表现在[35-37]：

① 高强预应力锚杆（索）所提供的初撑力（预应力）能够有效地限制围岩变形以及松动圈的扩展。

② 高强预应力锚杆（索）所提供的初撑力（预应力），可以改变围岩的受力状态，使围岩尽可能处于三维受力状态。原始围岩处于真三维受力状态，巷道开挖后支护之前由三维受力状态变为二维受力状态，如果施加预应力支护结构则巷道围岩受力状态会变为准三维受力状态。如果采用被动的棚式支护，巷道受力状态则为二维受力状态。

③ 高强预应力锚杆（索）所提供的初撑力（预应力）可以增大围岩的内摩擦角和黏聚力，提高围岩的综合承载强度。

④ 锚杆（索）现场施工当中要有可靠的手段来保障设计所需的预应力。

一、新型预应力锚固技术——锚杆、锚索的让压

要实现锚杆的让压功能，一种方法是直接提高锚杆杆体的延伸率，把锚杆杆体本身做成可变形让压结构，但由于变形参数难控制且成本太高等因素的制约而较难实现；另一种方法是保持锚杆杆体本身不变，增加一个让压构件来进行卸压，在一定的压力范围内控制锚杆应力变化，并提高锚杆杆体延伸率[38-42]。

巷道掘出初期，是顶板压力和变形释放最剧烈、释放量最大的时期。如果安装的锚杆不采取任何让压措施，锚杆荷载会急剧增大，在很短时间内可达到锚杆的极限荷载，并可能使其断裂。因此，锚杆的让压就是要避过巷道顶板压力和变形的剧烈释放期、避免锚杆安装的早期过载或早期破坏。

巷道掘出初期，巷道表面的弹性变形瞬时得到释放，但顶板内部的变形会随着时间的推移由表向里、由快到慢逐渐释放。利用让压构件提供合理的让压量，可以允许巷道掘出初期

围岩产生一定的位移,压力得到一定的释放。让压量的控制,可以通过让压构件的材料选择及让压构件的参数设定来实现。

二、让压构件设计方法

目前,最常用的让压构件主要有木托盘和让压管。通过现场应用可以发现,木托盘在使用过程中起到的作用仅仅是延缓锚杆的受力过程,并没有实现真正有效的让压。而使用金属制成的让压管,则可以在安装后为巷道围岩及让压锚杆提供一个合理的让压范围,在巷道压力显现强烈的支护初期,当让压管的变形超出让压范围后,锚杆才开始变形。这样大大提高了锚杆的变形能力,并减少了应力变化对锚杆的冲击,使巷道支护达到较理想的支护效果。

判断一个让压构件是否有效合理,要看它是否能尽可能地发挥锚杆的支护效率。而让压构件所能提供的最大让压距离指的是让压构件让压前后的最大变形距离。通过调节让压管的长度可以调节让压构件的最大让压距离,但是不能超出锚杆的最大外露长度。让压稳定系数可以通过式(2-1)计算:

$$k=\frac{R_0-R_t}{D} \tag{2-1}$$

式中 k——让压稳定性系数,N/mm,k 应以不大于 20 N/mm 为宜;

R_0——让压点的起始荷载,N,不能高于锚杆杆体屈服强度(一般在 80%左右);

R_t——让压终端荷载,N,由让压构件的材质而定;

D——最大让压距离,mm。

三、锚杆、锚索优化配置和效果评价方法

最优的锚杆、锚索配置应该是在能够控制巷道变形和合理抵抗地应力释放的同时,使锚杆、锚索消耗最少,受力协同,效率最高。

为此提出了锚杆、锚索的效率系数问题,锚杆、锚索支护系统的效率系数是衡量锚杆、锚索支护系统合理性的重要指标,它主要由锚杆、锚索支护系统的特性,施工工艺,施工机具,环境等因素决定。该效率系数分为掘进效率系数、过程效率系数和总体效率系数。

以锚杆为例,在锚杆施工工艺、施工机具及环境等因素基本保持不变的情况下,锚杆支护系统的受力特性就成了决定锚杆支护系统效率系数的重要参数。锚杆支护系统效率系数计算公式如下:

$$\eta_a=\frac{F_{apu}}{\eta_p\cdot F_{pm}} \tag{2-2}$$

式中 η_a——支护系统效率系数。

F_{apu}——实测极限拉力。

F_{pm}——锚杆实测平均极限抗拉力。

η_p——锚杆效率系数(标准规定组装件锚杆根数为 1～5 时,$\eta_p=1$;锚杆根数为 6～12 时,$\eta_p=0.99$;锚杆根数为 13～19 时,$\eta_p=0.98$;锚杆根数为 20 及以上时,$\eta_p=0.97$)。

合理的锚杆预应力是衡量掘进支护效率系数的重要指标。合理的支护系统其掘进支护

效率系数一般应该控制为35%～40%，而目前大部分矿井的锚杆预应力普遍较小，锚杆预应力损失严重(右旋等强锚杆)，其效率系数一般为15%～20%。锚杆系统的工作状态包括锚杆的工作阻力、托盘螺母的承载能力及树脂锚固剂的工作状态是过程效率系数和总体效率系数的重要影响因素。合理有效的支护系统，其总体效率系数应该控制在80%左右，而目前国内大部分矿井的锚杆由于受材质、结构和配套设备(托盘、螺母和锚固剂等)、安装方式的影响，往往这两个效率系数很低。

因此，为解决深部围岩支护中锚杆系统支护效率过低的问题，通过采用高强、高预应力锚杆，加强施工管理，可以大大提高锚杆系统的效率系数。

① 目前所使用的锚杆杆体主要有Q335、Q500钢，其强度基本满足支护要求。适当的强度是必需的，但使用过高强度等级的钢材和过大直径的锚杆并不一定能解决复杂地质条件下的支护问题。设计锚杆材质采用Q500高强钢。

② 该锚杆施工工艺简单，锚杆安装应力一般不小于49.033 25 kN，平均为39.226 6～58.839 9 kN，且预应力损失较小，锚杆系统掘进效率系数较高。

③ 在巷道使用期限内，如果设计合理则锚杆破断现象很少。

④ 该锚杆使用的托盘承载能力、承载面积和锚杆杆体的承载能力匹配，锚杆系统过程效率系数和总体效率系数都较高。

高强预应力锚杆组装图如图2-1所示。

图2-1　高强预应力锚杆组装图

第二节　预应力锚杆加固岩体作用分析

一、常用的锚杆支护理论

在煤矿巷道支护中，锚杆是支护系统的主体，通过向巷道围岩中打入锚杆，并对锚杆施加一定的预应力可实现对巷道围岩变形的控制。锚杆的作用机理最常见的有以下几种理论[43-47]：

（一）悬吊理论

由于巷道的开挖，其顶板岩层变得不稳定，如果对顶板施加锚杆，锚杆就会将下部不稳定的岩层悬吊在上部稳固的岩层上，此时锚杆受到的拉力就是被悬吊的那部分不稳定岩层的重力，这就是悬吊理论。可是实际上无论锚杆是否打入了稳固的岩层中，现场中锚杆都能够起到这样的作用，因此这种理论在应用中是有很大的局限性的，而且如果破碎带较大，超过了锚杆的长度，采用这种理论是无法设计支护参数的。

（二）组合梁理论

组合梁是通过锚杆的拉力组合起来的巷道围岩层状地层，本质上是通过对锚杆施加预应力，将层状地层挤紧，使各层之间的摩擦力变大，且此时顶板岩层的抗弯强度也大大提高。这种理论中的主要决定因素是对锚杆施加的预应力以及锚杆杆体强度和巷道岩层的性质。但是在实际工程中，这一观点应用较少，尤其是组合梁的承载能力难以计算，岩层沿巷道纵向有裂缝时梁的连续性、抗弯强度等问题也较难解决。

（三）组合拱理论

这种理论的实质是将锚杆视为支点悬吊下部的不稳定岩层，通过安设多根锚杆降低不稳定岩层的弯曲应力和挠度，控制顶板与岩石的破坏。锚杆在这种理论中起到了一个减小跨度的作用。

组合拱理论在一定程度上揭示了锚杆支护的作用机理，但是同样未能提供用于锚杆支护参数设计的方法和参数。

（四）最大水平应力理论

这种理论认为如果巷道埋深小于 500 m，矿井岩层的水平应力通常大于垂直应力，水平应力具有明显的方向性，最大水平应力一般为最小水平应力的 1.5～2.5 倍。对于埋深大于 500 m 的巷道来说，现场地应力测试表明很多地段水平应力远大于垂直应力，此时巷道顶底板的稳定性主要受水平应力的影响。

由于最大水平应力的作用，与其方向垂直的巷道受影响最大，如果与最大水平应力方向有一定的角度，巷道围岩失稳破坏会偏向巷道的一帮，只有轴向与最大水平应力方向平衡的巷道受到的影响最小。

这种理论承认了锚杆支护的作用对象是围岩的松动膨胀力，但是实际上围岩的变形破坏形状与该理论假设的相差较大，在现场实践中，我国的煤巷在进行支护时，采用先支护两帮再支护顶板的方法，就是对这一理论的应用。但是利用该理论同样无法来定量地确定锚杆支护参数，因此该理论也具有一定的局限性。

（五）锚杆支护围岩强度强化理论

巷道开挖后，顶板塑性区发育，较容易破碎，打入锚杆后通过施加预紧力使周围的围岩被压缩到一起，改变了原来的松散破碎状态，使巷道围岩与锚杆一起成为一个有机的整体，增加了巷道围岩的稳定性。

该理论在论述锚杆支护的作用机理时强调了支护体系的整体性，但由于影响因素较多，可操作性差，应用不方便。

二、预应力锚杆对围岩的加固作用分析

（一）预应力锚杆的增强作用

对于巷道的锚杆支护来说，如果单纯看单根锚杆的支护作用，可以知道单根锚杆在弹性体内形成了以锚杆两端为顶点的压缩区。预应力锚杆的初始锚固力来自张拉荷载，因此属于主动支护形式。在锚杆锚固力的作用下，锚固岩体内会产生一个锥形压密区，在压密区内岩体的密实度和强度都有所提高，而且可以根据需要提供很高的支护反力，较好地控制巷道围岩的变形。

预应力让压锚杆能够为巷道围岩提供一定的变形区域，当让压构件受压达到极限不能变形后锚杆才会增阻，因此，让压锚杆比较适合支护受动压影响的巷道。对彭庄煤矿四采区辅助轨道巷来说，其服务年限较长，要受1301工作面和其他邻近采煤工作面的采动压力影响，预应力让压锚杆可以平衡采动压力的影响，以达到对四采区辅助轨道巷围岩的合理控制。

（二）预应力锚杆的包体预应力作用

预应力锚杆通过对巷道围岩施加与其变形破坏相反的力，使巷道围岩应力分布达到类似于开挖前的原岩应力状态，在三个方向对巷道围岩施加控制变形的支护抗力，进而控制巷道围岩的稳定性。

预应力锚杆的包体预应力作用主要体现在围岩黏聚力的增加、围岩内摩擦角的增大和围岩等效变形模量的增加三个方面。

1. 围岩黏聚力的增加

围岩黏聚力的增加，实际上是通过锚杆对围岩施加预应力，围岩从原来的破碎状态整合为一个整体，破坏面的抗剪强度得以增大，整体性得以提高而实现的。破坏面等效黏聚力可以由下式计算[48]：

$$c'=c^{\mathrm{f}}+\frac{\pi D^{2}\sigma_{\mathrm{s}}(1/2+\varphi/180^{\circ})\sin(45^{\circ}+\varphi/2)}{4\sqrt{3}S_{\mathrm{c}}S_{\mathrm{t}}} \tag{2-3}$$

式中　c'——破坏面等效黏聚力；

c^{f}——锚杆支护之前围岩的黏聚力；

σ_{s}——钢材屈服强度；

D——锚杆直径；

φ——围岩的内摩擦角；

S_{c}——锚杆沿巷道跨度；

S_{t}——锚杆轴向间距。

从上式可以看出，锚杆增加了破坏面抗剪强度，相当于提高了破坏面等效黏聚力。

2. 围岩内摩擦角的增大

当锚杆长度与间、排距选取适当时，锚杆预紧力将在围岩中产生一个均匀压缩带，使围岩等效内摩擦角得到增大。

由于承压拱的岩石处于三维受力状态，其围岩强度得到了提高，可以承受较高的径向荷载。而内摩擦角的增大，增加了锚杆和巷道围岩的耦合程度，在一定程度上增加了锚杆的支

护强度。

3. 围岩等效变形模量的增加

由于锚杆杆体的弹性模量 E_b 远高于岩体变形模量 E，当锚杆随岩体变形时，这种变形特征差异造成了岩体等效变形模量的增加，可以近似为[48]：

$$E'=E+\frac{E_b\pi D^2}{4S_cS_t} \tag{2-4}$$

如果忽略泊松比的改变，则岩体等效剪切模量可近似表示为[48]：

$$G'=G+\frac{G_b\pi D^2}{4S_cS_t} \tag{2-5}$$

式中　G——原岩体剪切模量；

　　G_b——锚杆体剪切模量。

（三）预应力锚杆对围岩支护作用

地下岩体尤其是像煤矿这样的地质条件，预应力锚杆加固围岩的耦合作用机理变得更加复杂，该平衡作用主要表现在以下几方面。

1. 预应力锚杆支护系统对巷道围岩的支护作用

巷道施工前其围岩处于原岩应力状态之下，其各向应力相互抵消，处于平衡状态。但是巷道施工使原来的围岩无法获得垂直及水平的应力以平衡原来的应力，所以会导致应力重新分布并发生变形，而锚杆支护系统的介入，相当于施加了原岩应力中缺失的部分应力，从而使巷道围岩应力重新达到平衡，避免发生变形破坏。预应力锚杆可有效提高围岩的残余强度，充分发挥围岩自身承载能力，发挥了悬吊、组合梁、组合拱及锚固平衡拱等作用，在直墙半圆拱巷道，组合拱及锚固平衡拱起了主导作用。巷道围岩与支护系统的平衡通常情况下是一个动态过程，最好的支护系统设计是控制这个最优平衡点。预应力锚杆、锚索让压构件的介入，能改变系统的平衡点而形成一个新的平衡。

2. 预应力锚杆支护体与支护围岩的平衡

锚杆与其周围岩体组成一个整体，共同作为巷道围岩支护体系中的一个单元，通过提供一个反向约束力，使原来巷道围岩所处的二维应力状态转变为三维应力状态，大大提高了巷道围岩的稳定性。锚杆支护体在未达到塑性破坏之前保持岩梁的结构，同时在锚杆的作用下相互挤压成以巷道两帮为基础的维持自身平衡的压力拱，即锚固平衡拱。

3. 预应力锚杆、锚索支护系统本身的平衡作用

为了增强锚杆与围岩的作用效果，对预应力让压锚杆及锚索本身的结构做了很多的改进。锚杆辊丝段的加工及让压装置的应用、螺母阻尼填充的稳定及减阻垫圈的使用都大大改进了锚杆的受力状态，增大了安装应力，减少了锚杆的破断；同时使用了符合“三径比”的小钻头及树脂药卷，这些改进都大大增强了锚杆与围岩的作用效果。为了使锚索与围岩、药卷有机地结合为一体，提高锚索的锚固力、可靠性和稳定性，在锚索的锚固段加工三个“鸟巢”，使树脂药卷与锚索、围岩紧密耦合，提高了锚索承载能力和可靠性。鸟巢锚索主要对锚杆组合拱起悬吊作用，用锚索将预应力锚杆形成的锚固平衡拱固定在稳定的基本顶上，从而使顶板岩体的承载能力大幅度提高。

随着采煤工作面推进速度的加快，对掘进速度的要求也越来越高，原有的普通锚杆支护

与棚式支护已逐渐落后于煤矿高产高效发展的需要，掘进速度已经成为影响矿井产量的主要因素。而且我国早期建成投产的矿井，每年都在以 12～15 m 的速度延深开采，煤层赋存条件的复杂性也在逐渐增大。面对深部开采的"'三高'与时间效应"，即深部岩体处于高地应力、高温度、高渗透压以及较强的时间效应，如何维护巷道的稳定，实现煤矿的高效安全生产，已成为当前亟须解决的问题。

预应力让压锚杆、锚索支护技术是一种高效、安全、经济的煤矿支护技术，它可以尽可能少地扰动被锚固的岩体，合理地提高可利用岩体的自身强度，变被动支护为主动支护，而且在一定程度上实现了让压支护，允许巷道围岩在支护初期应力显现明显的情况下产生一定的变形，增加了巷道围岩的稳定性，解决了深部采准巷道面临的高地应力、巷道变形大等问题，实现了巷道的一次支护。因此在我国煤矿巷道支护中具有广泛的应用价值。

第三节 左右旋锚杆及锚索强度对比分析

一、左右旋锚杆及锚索强度试验

具体参数详见表 2-1～表 2-5。

表 2-1 国内外锚杆支护技术对比

比较项目	中国	美国、澳大利亚
锚杆材料强度/MPa	235、335、500、600	450、500、600、700、800
锚杆锚固力/kN	49.033 25～147.099 75	＞196.133
锚杆直径/mm	16～25	20～22
锚杆间排距/m	0.7～1.0	1.0～1.2
锚杆长度/m	1.6～2.8	1.8～4.0
锚杆安装应力/kN	0～49.033 25	49.033 25～98.066 5

表 2-2 左旋滚丝螺纹钢锚杆杆体强度表

杆体直径/mm	钢材级别	屈服荷载/kN		抗拉荷载/kN	
		国标	实测	国标	实测
16	Q335	63	≥90	92	≥130
18	Q335	83	≥110	121	≥160
18	Q500	125	≥150	163	≥200
20	Q335	110	≥125	160	≥185
20	Q500	153	≥180	202	≥240
22	Q335	127	≥154	186	≥220
22	Q500	178	≥200	235	≥270

表 2-3　右旋等强螺纹钢锚杆杆体强度表

杆体直径/mm	钢材级别	屈服荷载/kN		抗拉荷载/kN	
		国标	实测	国标	实测
18	Q335	87	≥91	126	≥130
20	Q335	108	≥102	156	≥150
22	Q335	131	≥133.5	189	≥202.5

表 2-4　各种锚索的强度指标

钢绞线直径/mm	钢绞线结构	抗拉强度(不小于)/MPa	整根钢绞线的最大力(不小于)/kN	规定非比例延伸力(不小于)/kN	延伸率(不小于)/%
15.24	1×7	1 860	261	222	3.5
17.8	1×7	1 860	387	330	3.5
18.9	1×7	1 860	451	387	3.5
21.6	1×7	1 770	504	454	3.5
21.8	1×19	1 860	573	493	3.5

注：钢绞线规定非比例延伸力采用的是引伸计标距的非比例延伸达到原始标距 0.2%时所受的力。

表 2-5　杆体与螺母组合摩擦系数

螺杆和螺母材料	μ_s
淬火钢和青铜	0.06～0.08
钢和青铜	0.08～0.10
钢和耐磨铸铁	0.10～0.12
钢和灰铸铁	0.12～0.15
钢和钢	0.11～0.17
钢和球墨铸铁	0.07～0.10

注：μ_s 为滑动摩擦系数。

二、左右旋螺纹钢锚杆锚固试验

左旋螺纹钢锚杆杆体的螺纹方向(左旋)和锚杆的搅拌树脂方向(右旋)相反，在搅拌树脂的过程中会产生对树脂向孔内的挤压力，在试验时锚固剂基本不溢出[49]。

右旋全螺纹锚杆杆体的螺纹方向(右旋)和锚杆的搅拌树脂方向(右旋)旋向相同，在搅拌树脂的过程中会导致树脂向孔外输送，在试验时锚固剂溢出明显。同直径、同材质、同树脂的(Q335-ϕ18 mm 和 Q335-ϕ20 mm)左、右旋螺纹钢锚杆锚固力试验介绍如下：

① 第一组样品：Q335-ϕ18 mm 左旋螺纹钢锚杆杆体和 Q335-ϕ18 mm 右旋螺纹钢锚杆杆体，钢管内径为 28 mm，长度为 400 mm，树脂型号为 K2530，搅拌时间为 40 s，搅拌完毕 30 min 后拉拔。Q335-ϕ18 mm 左旋螺纹钢锚杆杆体的锚固力为 136 kN，Q335-ϕ18 mm 右旋螺纹钢锚杆杆体在搅拌时因树脂被旋出搅拌完毕 30 min 后，无锚固力，用手可拔出杆体。

② 第二组样品：Q335-ϕ20 mm 左旋螺纹钢锚杆杆体和 Q335-ϕ20 mm 右旋螺纹钢锚杆

杆体，钢管内径为 28 mm，长度为 400 mm，树脂型号为 K2530，搅拌时间为 40 s，搅拌完毕 30 min 后拉拔。Q335-ϕ20 mm 左旋螺纹钢锚杆杆体的锚固力为 140 kN，Q335-ϕ20 mm 右旋螺纹钢锚杆杆体的锚固力为 108 kN。

按 ϕ20 mm 杆体的试验结果，同样条件下，左旋螺纹钢杆体的锚固力比右旋的高出 20%。右旋等强螺纹钢锚杆的螺纹旋向和搅拌树脂的方向同向，所以在搅拌树脂时会对树脂产生一个向外输送的力，使树脂的锚固力大大下降。左旋等强螺纹钢锚杆的螺纹旋向和搅拌树脂的方向反向，所以在搅拌树脂时会对树脂产生一个向里输送的力，对树脂产生挤压，在同样条件下树脂锚固力会大大提高。

锚杆杆体锚固强度对比表如表 2-6 所列，左旋及右旋锚杆锚固试验图如图 2-2 所示。

表 2-6　锚杆杆体锚固强度对比表

杆体型号	锚固剂	搅拌时间/s	凝固时间/min	锚固力/kN
ϕ18 mm 左旋螺纹钢(Q335)	K2530×1	40	30	136
ϕ18 mm 右旋螺纹钢(Q335)	K2530×1	40	30	0
ϕ20 mm 左旋螺纹钢(Q335)	K2530×1	40	30	140
ϕ20 mm 右旋螺纹钢(Q335)	K2530×1	40	30	108

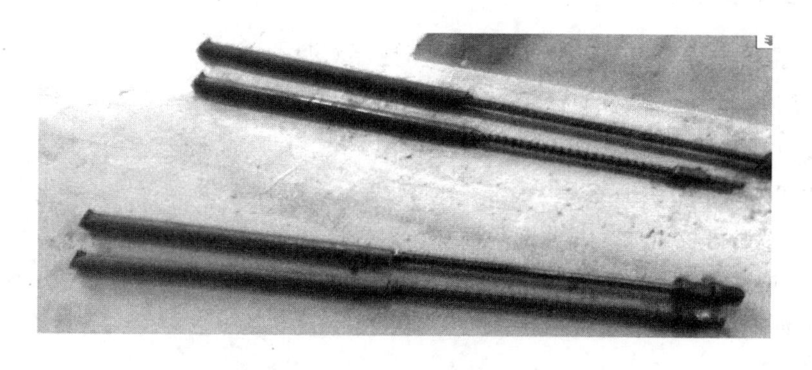

图 2-2　左旋及右旋锚杆锚固试验图

第三章　彭庄煤矿工程概况

第一节　矿井工程概况

一、矿井位置及范围

彭庄煤矿位于山东省西部，处于菏泽市郓城县北部与济宁市嘉祥县交界处，矿区极值地理坐标为东经116°00′15″～116°08′00″，北纬35°32′15″～35°37′15″。矿井自然边界为东起F14断层，西至F21断层，北至F21断层，南界为奥陶系顶界露头及F15断层，东西长约11 km，南北宽约10 km。矿区面积为67.193 4 km^2，开采标高为－450～－1 200 m。

二、井田地层特征

井田地层自上而下分为：第四系（Q）、新近系（N）、二叠系（P）、石炭系（C）及奥陶系（O）。现分述如下：

（一）第四系

厚102.20～142.00 m，平均为125.09 m（29个孔统计资料，不含郓11号孔），由黏土、砂质黏土、砂及砂砾层组成。西北部较薄，东部、中部较厚，整体厚度变化规律不明显。上部多为黏土层，中部多为砂层，砂层松散且透水性较好，富含孔隙水，底部为一层厚层黏土、砂质黏土。属河湖相沉积。

（二）新近系

厚164.20～424.50 m，平均为285.39 m，总体上东部最厚，西部、北部较厚，中部和西南部较薄。按岩性特征分为上新统、中新统。

1. 上新统

厚112.00～214.40 m，平均为147.50 m。上部以粉、细、中砂层为主，与棕黄色、棕褐色、黄褐色、灰绿色黏土互层，岩性松软，大部分未固结，局部微固结，下部以黄褐色粉、细、中砂为主，夹黏土、砂质黏土薄层，黏土中局部含石膏。黏土、砂质黏土易吸水膨胀，具可塑性，砂层松散。

2. 中新统

厚39.60～212.01 m，平均为137.89 m，以褐红、褐黄、灰绿、灰白色黏土层为主，偶夹粉、细砂互层。大部分微固结，局部半固结。黏土、砂质黏土中常见石膏，黏土具吸水性、可塑性。底部为含砾黏土或黏土质砂砾层及下伏地层在剥蚀、夷平过程中形成的滚石，成分、岩性不一，与下伏地层呈不整合接触。

（三）二叠系石盒子组

包括上石盒子组、下石盒子组。

1. 上石盒子组

厚 64.50～533.10 m，平均为 217.92 m，南部剥蚀，东北部残留厚度大。主要由杂色泥岩，粉砂岩，灰绿色中、细砂岩组成，上部有厚层状灰白色石英砂岩作为区域对比标志，中部有一层不稳定的铝土岩或铝质岩（A 层），下部有褐煤段层位，底部含一层较稳定的铝土岩或铝质岩（B 层），可作为本井田岩层对比的标志层，以其底部的含砾细、中砂岩与下石盒子组分界。

2. 下石盒子组

厚 15.40～75.60 m，平均为 44.61 m。上部为黄色、灰紫色泥岩、粉砂岩夹绿色细砂岩，下部为灰白色砂岩夹灰绿色泥岩，底部以不稳定的厚层状砂岩与山西组分界，其对下伏山西组岩层冲蚀作用不均，造成了其底界的起伏。属温暖湿热条件下的河湖相沉积，与下伏山西组整体呈整合接触，局部为假整合。

（四）二叠系山西组

厚 13.70～91.20 m，平均为 69.72 m，除个别剥蚀点外整体厚度比较均匀，东部较厚西部较薄，变化相对较大的主要是上覆地层的冲蚀和自身对下伏地层的冲蚀及受剥蚀所致。上部以泥岩、粉砂岩为主，夹中砂岩及细砂岩薄层；中、下部以中、细粒砂岩为主，夹薄层泥岩、粉砂岩，以交错层理为主，次为斜层理、水平层理及波状层理，含泥岩、粉砂岩包裹体；底部颗粒变细，泥质增多，具波状、浑浊状层理，见底栖动物通道及生物扰动构造，与下伏地层基本为整合接触。含 2 煤层、$3_{上}$煤层、$3_{下}$煤层，井田内 $3_{上}$煤层、$3_{下}$煤层全部不同程度受到冲刷，其中 $3_{上}$煤层仅在南部（P-8 号孔）、北部（X-14、P-3 号孔）和西部（X-13 号孔）附近小范围内赋存。$3_{下}$煤层在井田西部赋存范围较大。与下伏石炭系太原组为整合接触。

（五）石炭系太原组-二叠系太原组

厚 45.30～176.70 m，平均为 148.97 m，除个别剥蚀点外整体厚度比较均匀，东部较厚西部较薄，变化相对较大的主要是上覆地层的冲蚀和自身对下伏地层的冲蚀及受剥蚀所致。由灰至灰黑色泥岩，粉砂岩，灰白色中、细砂岩，薄层石灰岩及煤层组成。含灰岩 10 层（二灰、三灰、五灰、六灰、七灰、八灰、九灰、$十_{上}$灰、$十_{下}$灰、十一灰），以三灰、$十_{下}$灰最为稳定，含煤 21 层（6 煤层、7 煤层、$8_{中}$煤层、$8_{下}$煤层、9 煤层、10 煤层、$10_{下}$煤层、11 煤层、$12_{上}$煤层、$12_{中}$煤层、$12_{下}$煤层、14 煤层、$15_{上}$煤层、$15_{中}$煤层、$15_{下}$煤层、$16_{上}$煤层、$16_{下}$煤层、17 煤层、$18_{上}$煤层、$18_{中}$煤层、$18_{下}$煤层），其中 16 煤层、17 煤层为主要可采煤层。本组厚度稳定，旋回结构清晰，各旋回均具明显的岩性特征标志，易于对比。

根据岩性特征将本组分成三段：

① 三灰段：从太原组顶界至六灰，以粉砂岩、泥岩为主，夹粉、细砂岩互层、石灰岩和煤层。三灰全区稳定，厚 5.05～6.70 m，平均为 5.95 m。为浅灰至深灰色，局部含泥质和燧石结核，具缝合线构造，含丰富的海百合茎，以及少量腕足类化石，是本井田主要标志层。本段上部含 6 煤层，可采性差。

② 八灰段：从六灰至$十_{上}$灰，以泥岩、粉砂岩、细砂岩，以及粉、细砂岩互层为主，夹石灰岩

及煤层。七、八、九层灰岩均较稳定。八灰为主要标志层，厚 0.36～5.10 m，平均厚 2.62 m，灰至灰褐色，局部含燧石结核。含个体较大的腕足类化石。本段无可采煤层。

③ 十$_{下}$灰段：下以十二灰之上粉砂岩与本溪组分界，上至十$_{上}$灰，为太原组主要含煤段。以泥岩、粉砂岩、细砂岩为主，夹石灰岩及煤层，含灰岩 3 层，煤层 5 层，其中十$_{下}$灰是本区最稳定、可靠的对比标志，是 16 煤层的顶板，厚 3.50～11.21 m，平均为 5.61 m，16 煤层、17 煤层为局部可采煤层。

（六）石炭系本溪组

厚 9.80～27.40 m，平均为 15.98 m，主要由紫色、灰色、灰绿色泥岩，浅灰色砂岩及石灰岩组成。含石灰岩 2 层（十二灰、十四灰），十四灰较稳定。底部为 1 层紫红色铁铝质泥岩，相当于山西式铁矿。与中奥陶统、下奥陶统呈假整合接触。

（七）奥陶系中奥陶统、下奥陶统

井田内有 6 个钻孔揭露，最大揭露厚度为 53.24 m，以灰褐色中、厚层状灰岩为主，间夹多层白云质灰岩、白云岩及薄层灰绿色泥岩。岩溶较发育，为本井田的主要含水层。

三、井田构造特征

巨野煤田位于华北地台鲁西台背斜鲁西南断块坳陷的中、西部，就东西构造带而言，位于昆仑—秦岭纬向构造带的东延北支部分，并处于和新华夏系第二沉降带的复合端。区域内发育北东-北北东向和东西向褶皱，北北东向褶皱主要有滋阳背斜、兖州—济宁背斜、滕县背斜，东西向褶皱主要有汶上—宁阳向斜、鱼台—滕北向斜等。南北向及东西向断裂构造，形成棋盘格状的构造格局，并形成东西向及南北向地垒、地堑构造。

本井田位于巨野向斜的东部、汶泗向斜及嘉祥地垒西部，其边界北起 F21 支 3 断层，南至奥陶系露头及 F15 断层，西起 F21 断层，东至 F14 断层（参见图 3-1）。井田西部褶曲发育较紧闭，东部较宽缓，地层呈南浅北深的趋势，地层产状大多以北北东及北东东向发育且向北倾伏收敛，地层倾角一般为 5°～14°，最大 28°，最小 2°。地层的连续性和稳定性均较好。由于受两向斜边界断层控制，井田内的南北、东西向断层，北东、北西向断层均比较发育。区内构造程度中等偏复杂，西部尤其是西南部，构造复杂。

（一）褶曲

1. 黄垓背斜

该背斜位于井田西部，其规模较大，控制着井田内主要煤层的分布和埋深，特别是矿井首采区煤层的分布。背斜总体是南北向延伸，南部起于马垓村北，途经黄垓村西、小屯村西，往北一直延伸到张营镇南。轴长约 7.8 km，褶曲幅度南部较大，约 500 m，北部较小，一般 200 m。背斜轴部从南往北依次发育奥陶纪、石炭纪和二叠纪地层，两翼则发育石炭-二叠纪煤系地层，两翼倾角一般为 24°，两翼地层多次被薛店断层、F21 支 1 断层、F21 支 2 断层所切割。该背斜除有 10 个钻孔控制外，尚有 18 条地震测线控制。其分布和延伸情况以及轴部和两翼的地层和煤层情况已基本查明。

2. 张官屯向斜

该向斜位于井田西界，与黄垓背斜相对应。其规模亦较大，它使井田西界煤层埋深加大，并保存了较厚的石盒子组地层。

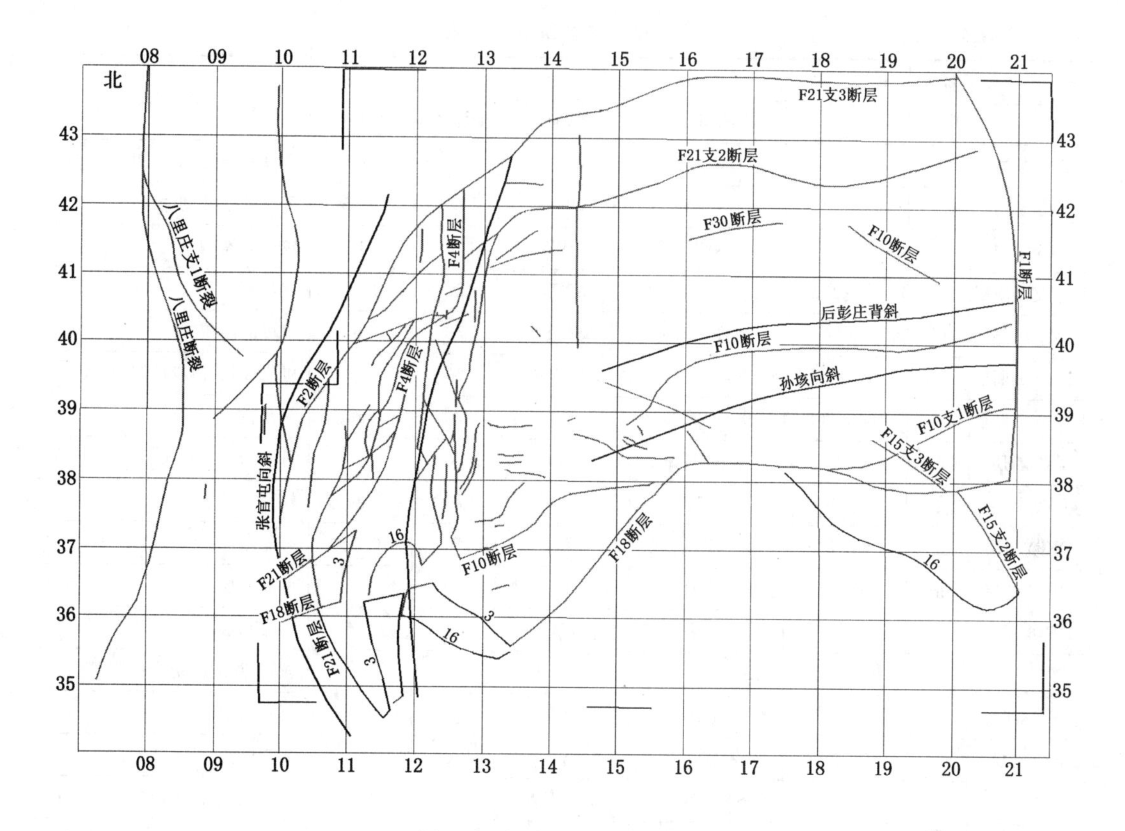

图 3-1　彭庄井田构造纲要图

该向斜轴部南起吕垓村西，途经王兵马集、张官屯，向北延伸到张营镇西，轴长约 7.8 km，幅度一般为 200 m 左右，轴部和两翼均发育石炭-二叠纪煤系地层。两翼略显不对称。向斜西翼较陡，东翼被 F21 断层切割，保留不很完整。该向斜除有 2 个钻孔控制外，尚有 17 条地震测线控制，已基本查明。

3. 后彭庄背斜

后彭庄背斜位于井田东部，轴向北东东。轴部西起于刘官屯村北，经后彭庄、祝河口、马庄村北，向东止于 F14 断层，轴长约 6.2 km。该背斜产状宽缓，两翼幅度一般为 200 m 左右，其南翼被 F18 断层切割，两翼形状很不对称。该背斜将井田东部的煤系地层略微抬升，对今后煤层的开采较为有利。该背斜目前已有 10 条地震测线控制，属基本查明。

4. 孙垓向斜

孙垓向斜位于井田东南部，与后彭庄背斜对应，轴向北东东。轴部从陈庄西向孙垓村延伸，止于 F14 断层。轴长约 6.2 km。该向斜两翼被 F18 和 F15 断层切割，两翼不对称，南翼较陡，北翼较缓。由于该向斜产状宽缓，两翼被断层切割严重，其对煤系地层埋深的影响并不十分明显。目前已有 11 条地震测线控制，已基本查明。

（二）断层

彭庄井田经过地震解释和钻孔揭露，共查明和基本查明断层 40 条，其特征见表 3-1。

表 3-1 主要断层一览表

断层名称	断层性质	断层落差 /m	产状			延展长度 /km	控制程度
			走向	倾向	倾角/(°)		
F15 断层	正	>700	NE-EW	NW-N	70	10.5	可靠断层-初步控制
F15 断层	正	>200	NE-EW	NW-N	70	10.5	可靠断层-初步控制
F13 断层	正	0～30	NEE	NWW	70	1	较可靠断层
F15 支 1 断层	正	60～220	NEE	NNW	70	2.5	初步控制
F17 断层	正	0～20	NEE-NE	SSE-SE	70	1	较可靠断层
F21 支 2 断层	正	0～160	NNE-EW	NWW-N	70	14	可靠断层-初步控制
F21 支 3 断层	正	180～290	EW	N	70	6.4	初步控制
F30 断层	正	0～30	NEE	NNW	70	1.5	可靠断层
DF9 断层	正	0～8	EW	S	70	0.4	较可靠断层
DF10 断层	正	0～8	EW	N	70	0.75	可靠断层
DF16 断层	正	0～30	EW	N	70	0.5	可靠断层
DF16 断层	正	0～25	NW	SW	70	1.6	可靠断层
F4 断层	正	0～170	SN-NE-SN	E-SE-E	70	4.4	较可靠断层-初步控制
F6 断层	正	0～90	NNE	SWW	70	1.9	可靠断层
F10 断层	正	0～20	SN	W	70	0.8	孤立断点
F14 断层	正	940～1 000	SN-NNW	W-SWW	70	6.5	可靠断层-初步控制
F15 支 2 断层	正	0～230	NWW	SSW	70	3.0	初步控制
F26 断层	正	0～100	SN	E	70	3	可靠断层
DF4 断层	正	0～5	SN	E	70	0.4	较可靠断层
F1 断层	正	70～100	NE	NW	70	1.2	可靠断层
F2 断层	正	130～140	NE	NW	70	1.4	可靠断层
F3 断层	正	0～25	NE	SE	70	0.7	可靠断层
F5 断层	正	0～80	NE	NW	70	3	可靠断层-较可靠断层
F7 断层	正	0～110	NE	NW	70	1.6	可靠断层
F7 支 1 断层	正	0～15	NE	SE	70	0.6	孤立断点
F8 断层	正	10～50	NE	SE	70	1.8	可靠断层
F9 断层	正	0～125	NE	SW	70	2	可靠断层
F11 断层	正	0～40	NE-NW	NW-SW	70	1.8	可靠断层-较可靠断层
F12 断层	正	0～40	NE	SE	70	0.7	可靠断层
F18 断层	正	0～135	NE-EW-NE	SE-S-SE	70	6	初步控制
F19 断层	正	20～150	NE-EW	SE-S	70	5.2	可靠断层-较可靠断层-初步控制
F21 断层	正	25～400	NE-EW	NW-N	70	10.8	较可靠断层-控制差
F21 支 1 断层	正	40～180	NE-SW	NW-W	70	5.0	较可靠断层-初步控制
薛店断层	正	30～100	NE-SN-NNW	W-SW	70	2.8	较可靠断层-初步控制

表 3-1(续)

断层名称	断层性质	断层落差/m	产状			延展长度/km	控制程度
			走向	倾向	倾角/(°)		
DF1 断层	正	10～18	NE	NW	70	0.6	较可靠断层
DF2 断层	正	0～8	NE	NW	70	0.3	较可靠断层
DF3 断层	正	0～20	NE	SE	70	0.3	可靠断层
DF11 断层	正	0～6	NE	SE	70	0.3	可靠断层
DF12 断层	正	0～16	NE	SE	70	0.55	可靠断层
DF7 断层	正	0～8	NW-NE	NE-SE	70	0.2	较可靠断层
DF14 断层	正	0～8	NW	NE	70	0.45	可靠
DF17 断层	正	0～5	NW	SW	70	0.45	可靠断层

综合分析井田内断层的性质和特点，规律如下：

① 井田内断层分布不均匀，西部断层多而复杂，东部相对稀少简单；

② 断层走向一般变化较大，特别是井田西部的断层；

③ 断层倾角均在 70°左右，为高角度断层；

④ 断层性质均为正断层；

⑤ 断层的展布方向总体受区域大断层的制约；

⑥ 断层的分支一般较多，大断层附近派生出一些小型断层；

⑦ 相邻的断层一般产状相背，常常形成地堑或地垒，使煤层得以保存或剥蚀；

⑧ 断层虽然互相切割，但南北向断层切割东西向断层较多；

⑨ 断层对煤层埋深影响较大，但对煤厚及煤质的影响不大。

四、井田水文地质特征

(一) 含水层

1. 直接充水含水层

(1) 山西组 3 煤顶、底板砂岩裂隙含水层——3 砂

井田内 3 煤顶板砂岩厚度为 16.50～58.90 m，平均为 31.04 m。底板砂岩厚度为 1.50～23.15 m，平均为 8.73 m。以中、细砂岩为主，局部粗砂岩，裂隙少量发育，且充填有方解石脉。井田内共有 22 个钻孔揭露(包括 2 个检查孔)，有 3 个钻孔漏水，均分布于断层附近。该层位 X-6 号孔、X-8 号孔、副检孔三孔抽水，钻孔单位涌水量为 0.021 7～0.027 2 L/(s · m)。据 2002 年 5 月抽水试验资料，副检孔 3 煤顶板砂岩单位涌水量为 0.009 7 L/(s · m)，副检孔 3 煤底板砂岩单位涌水量为 0.009 3 L/(s · m)，富水性弱。3 砂水位标高在 37.16 m 左右，埋深为 3.67 m，矿化度为 1.986 6～2.402 6 g/L，水质类型为 $SO_4^{2-} \cdot HCO_3^- \text{-} K^+ \cdot Na^+$ 型水。

据巷道揭露资料，2005 年 5 月 10 日在 3 号交叉点处，$3_下$煤层顶板砂岩出水，其涌水量最大时达 230 m^3/h，2005 年 10 月 3 日在轨道巷反上山 B_2 点前 17 m 处，$3_下$煤层顶板砂岩节理裂隙有水涌出，涌水量为 60 m^3/h。2005 年 11 月 9 日，在掘进到胶带巷 2 号联络巷以上 20 m 时，遇一正断层，顶板当时没有水，在打锚杆眼时出水，出水量为 20 m^3/h。

3 煤顶、底板砂岩含水层作为开采 3 煤的直接充水含水层，在岩石完整的情况下富水性较差，有时以淋水的形式出现，但只有在裂隙发育区，断层影响带附近会富水，迎头接近时一般易出水，从建井以来的几次出水均证明了这一点。有时单纯地用单一的打钻探水方法很难达到预期的目的，例如 3 号交叉点出水，当时巷道掘进时无水，也没有出水的征兆，由于顶板来压冒顶，上部含水层的水才涌入巷道，造成迟后突水，因此对 3 煤顶、底板砂岩含水层的探放，不能单纯从一个点或线的角度出发，应从宏观上对应的周围各空间的富水情况进行探测，所采取的措施应以物探与钻探相结合的联合探放措施。从这几次出水的情况看，一般来得较突然，因此对 3 煤顶、底板砂岩含水层出水的防治还要完善排水系统，并有一定的备用排水能力。揭露的 3 号交叉点出水量较大，说明 3 砂富水性在平面分布上不均匀，有一定的变化，总体表现富水性较弱，但在遇到断层时富水性较强，在开采过程中应予以密切关注。

3 砂含水层的主要补给来源为新生界含水段的渗透补给，地下水交替作用缓慢，排泄条件差。

(2) 太原组三灰岩溶裂隙含水层

三灰厚 5.05～6.70 m，平均为 5.95 m。岩溶裂隙比较发育，且常充填方解石和泥质。有 24 个钻孔揭露三灰(包括 2 个检查孔)，3 孔漏水。据 X-6 号孔、X-8 号孔及主、副检孔抽水试验，水位标高为 35.83～38.12 m，钻孔单位涌水量为 0.041 9～0.643 4 L/(s·m)，富水性较强，属富水性中等含水层。矿化度为 1.457～1.741 4 g/L，水质类型为 SO_4^{2-} · HCO_3^--Na^+ 型水。其上距 3 煤平均为 54.44 m，上距 6 煤平均为 14.59 m，是开采上组煤底板进水的直接充水含水层。其补给来源主要是靠东部 F14 断层(落差为 940～1 000 m)和南部 F15 断层(落差大于 700 m)，使三灰含水层与对盘的奥灰含水层对接，从与奥灰接触部位获得侧向补给。

为了探明并防治三灰水，彭庄煤矿于 2006 年 3 月 15 日编制了《三灰水防治及 F11 断层探水方案设计》，共布设 4 个钻孔，工程量为 375 m。钻孔布置在副井清理巷道中，标高为 −448.3 m，平面上呈扇形分布，孔距为 25 m，探到断层后无水。

(3) 太原组十$_下$灰岩溶裂隙含水层

井田内有 10 孔揭露，厚度为 3.50～10.82 m，平均为 5.58 m，为 16$_上$煤层直接顶板，也在 17 煤层冒落带之内，浅部裂隙发育，局部有溶蚀现象，充填方解石与泥质。5 孔漏水，漏水点多位于浅部或断层附近，据 X-3 号孔漏水、抽水资料，水位标高为 35.84 m，钻孔单位涌水量为 0.030 0 L/(s·m)，富水性弱。矿化度为 2.431 7 g/L，水质类型为 SO_4^{2-}-Na^+ · Ca^{2+} 型水。其补给来源主要通过断层在与奥灰接触部位，接受奥灰水的侧向补给。从水化学成分资料分析，钠离子含量和矿化度较高，说明径流条件差，排泄不畅。

2. 间接充水含水层

(1) 第四系松散层孔隙含水层

为河湖相沉积，广布全区，厚 102.20～142.00 m，平均为 125.09 m。由含水的砂、砾层与隔水的黏土、砂质黏土相间沉积。一般含砂层 4～10 层，砂层厚度为 20～52 m，砂层以中、细砂为主，局部有粉砂和粗砂，较松散，连续性较好，透水性较强，直接接受大气降水的补给。据邻区梁宝寺井田资料，其单位涌水量为 0.639 6 L/(s·m)，富水性中等，水质类型为

$SO_4^{2-} \cdot Cl^- - Ca^{2+}$型水，矿化度为1.522 g/L。

(2) 新近系松散层孔隙含水层

新近系地层厚度变化较大，薄的地段仅为164.20 m，厚的地段为424.50 m，平均为318.29 m，由黏土、砂质黏土和砂砾层相间沉积组成。一般可细分为上、下两段。

上段厚112.00～214.40 m，平均为147.50 m，由中、细砂层与杂色黏土、砂质黏土相间沉积而成，一般含砂层6～16层，砂层厚为27.00～110.00 m，较松散，富水性强。

下段厚39.60～212.10 m，平均为137.89 m，以厚层黏土为主，夹粉、细砂互层，大部分微固结，局部半固结，黏土、砂质黏土中常见石膏，一般含砂2～12层，砂层厚15.00～56.00 m，厚度变化大、连续性差，据邻区梁宝寺抽水资料，抽水段砂层累厚9.57 m，钻孔单位涌水量为0.383 1 L/(s·m)，水质类型为$SO_4^{2-} - Ca^{2+} \cdot Mg^{2+}$型，矿化度为3.556 g/L；据郭屯井田两孔抽水试验，抽水段砂层厚为21.15～25.30 m，单位涌水量为0.085 7～0.171 7 L/(s·m)，水质类型为$SO_4^{2-} - Na^+$型水，矿化度为2.216～2.844 g/L，均属水质较差，富水性中等的松散孔隙承压含水层。

(3) 二叠系石盒子组砂岩裂隙含水层

该组保留不完整，井田西部由于背斜轴部遭剥蚀，厚度较薄，而东部发育较厚，含水层为粗、中、细砂岩。上石盒子组在21个钻孔中有5个漏水，下石盒子组在22个钻孔中有2个漏水。其漏水点岩性均为中、细砂岩，并多分布在断层附近或背斜轴部，表明其含水性多为构造裂隙所致。据副井检查孔的压水试验资料，该含水层单位涌水量为0.018 2 L/(s·m)，富水性弱，水位标高在37 m左右，水质类型为$SO_4^{2-} \cdot HCO_3^- - K^+ \cdot Na^+$型水，矿化度为1.53 g/L。

石盒子组砂岩漏水点与$3_下$煤层最小间距为173.78 m，均位于采煤裂隙带之上，正常情况下，对$3_下$煤层没有直接充水影响。

(4) 奥陶系灰岩岩溶裂隙含水层

井田内有6孔揭露奥陶系灰岩，揭露厚度为2.38～53.24 m。岩性多为浅灰色、灰白色厚层状石灰岩，见有裂隙及小溶洞，裂隙最宽达20 mm左右，有的被方解石充填或半充填。有2孔漏水，漏失量为10.8～15.0 m^3/h，漏水点距奥灰顶界面30.35～39.50 m，深度为675.80～693.65 m，均位于浅部及断层附近。X-5号孔漏水抽水，水位标高为34.95 m，单位涌水量为0.871 5 L/(s·m)，富水性中等，矿化度为3.253 2 g/L，水质类型为$SO_4^{2-} - Ca^{2+}$型水。邻区梁宝寺井田进行了两次奥灰抽水试验，单位涌水量为1.418 8～1.708 4 L/(s·m)，说明了奥灰的强富水性。

奥灰的富水性在水平及垂向上均表现出极不均匀性。从岩性上看，中奥陶统上部主要由石灰岩、白云质灰岩和泥灰岩组成，岩溶、裂隙发育，富水性强，而下部多由白云岩、白云质灰岩夹泥岩组成，岩溶裂隙相对较少，富水性中等～弱。

奥灰富水性还与埋藏深度、补给区远近及排泄条件等因素密切相关。井田东、南两面为奥灰隐伏区，奥灰接受新近系砂砾层水的补给，并且离奥灰补给区嘉祥灰岩出露区较近，也接受嘉祥灰岩水的补给，属中等～强富水含水层，同时由于其上压盖隔水层薄，静水压力大，对开采下组煤具有较大的水害威胁。

(二) 隔水层

1. 新生界隔水层

第四系隔水层以灰绿、棕黄色黏土、砂质黏土为主，其底部有一层厚4.50～50.00 m的稳定黏土层，其隔水性能良好。

新近系隔水层以黏土、砂质黏土为主，黏土类总厚占地层总厚的70%以上，由上而下固结程度渐增，局部钙质黏土层呈坚硬状态。砂层呈透镜体状分布，孔隙多被黏土质充填。黏土中粉粒或黏粒含量一般达86%以上，黏结性强，可塑性好，遇水易膨胀，隔水性能好。

本井田第四系、新近系内的黏土层分布广泛，厚度稳定，隔水性能良好，阻隔了各砂层间及新生界与下伏基岩含水层间的水力联系。

2. 二叠系石盒子组泥岩隔水层

上石盒子组厚度为64.50～533.10 m，平均为217.92 m，主要为泥岩、粉砂岩、黏土岩；下石盒子组厚15.40～75.60 m，平均为44.61 m，主要为杂色泥岩和粉砂岩，局部夹厚层状砂岩透镜体。由于此隔水层的厚度较大，隔水性能良好，进一步阻隔了新生界含水层向基岩含水层的补给。

3. 17煤层底板至奥灰顶隔水层组

17煤层底板至奥灰间距为25.12～46.66 m，平均为33.67 m，岩性包括17煤层至本溪组顶界之间的泥岩、粉砂岩和本溪组泥岩及铁铝质泥岩、薄层灰岩等，共同组成压盖隔水层，压盖在奥灰之上。但由于其厚度较小，埋藏深，其中十二灰厚0.50～1.70 m，平均为1.14 m，有2孔漏水，漏水孔率为25%，因此，难以抵抗奥灰水底鼓压力，奥灰水将对开采下组煤构成较大的威胁。

除上述隔水层外，石炭-二叠系含煤地层中的泥岩、粉砂岩占地层厚度的比例较大，其隔水性能较好，也阻隔了各含水层间的水力联系。

第二节　西翼轨道大巷工程概况

西翼位于井田的西部，其范围为：东边界为F21支2断层，西部以八里河断层与郭屯矿井为边界，南部至矿井南边界，北部至矿井的北边界。东西平均长约8.0 km，南北宽2.6～5.6 km，面积约35.0 km^2，其中3煤赋存面积约为23.2 km^2。

西翼开拓设计共布置三条大巷，分别是西翼轨道大巷、西翼胶带下山、西翼轨道大巷。其中，沿掘进方向西翼轨道大巷位于最左侧。西翼轨道大巷包括西翼一号轨道下山、西翼－500 m水平轨道大巷、西翼二号轨道下山、西翼－750 m水平轨道大巷等巷道，设计总长6 820 m。西翼－500 m水平轨道大巷设计长度为447 m，与2011年6月6日停止掘进，已掘进147 m，剩余300 m，坡度为＋5‰。为形成西翼生产期间的运输及通风等，决定对西翼轨道大巷继续掘进。

西翼轨道大巷巷道布置如图3-2所示。

一、地质概况

(一) 煤(岩)层赋存特征

具体见表3-2和表3-3。

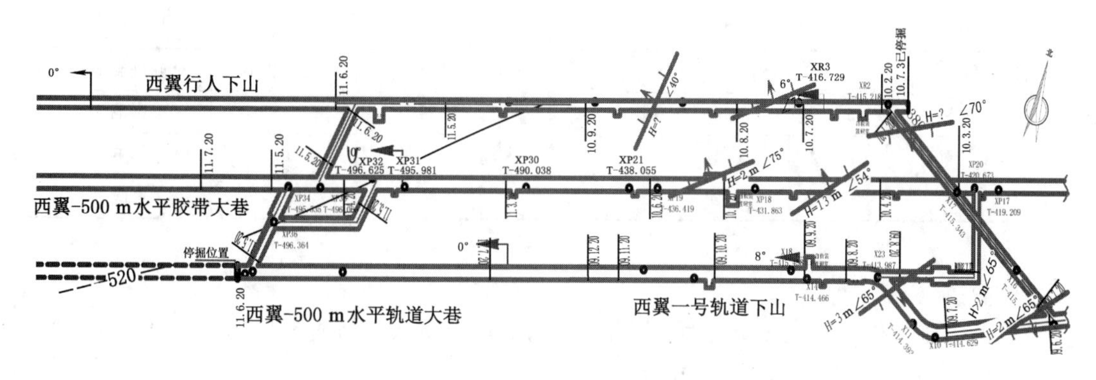

图 3-2　西翼轨道大巷平面位置示意图

表 3-2　煤(岩)层产状、厚度、结构、普氏系数、层间距

地层情况	煤(矿)层厚/m	0.7～3.35，平均为 2.19	煤(矿)层结构	简单	煤(矿)层倾角/(°)	4～20(30)，平均为 15
	巷道开门点岩层层位为 $3_下$ 煤层顶板，该掘进工作面为穿层全岩巷道，巷道坡度为＋0.5%，岩性为粉砂岩、细砂岩及泥岩，普氏系数 f=2.5～5.5。预计变坡点前 100 m 左右揭露 F9-2 断层，151 m 处揭露 F9 断层。该区域 $3_下$ 煤层局部冲刷变薄，f=1.8，煤层结构简单，上距中砂岩 12.53 m，下距三灰 54.14 m，下距 6 煤 39.08 m					

表 3-3　煤层顶、底板岩性特征

顶、底板情况	岩石名称	厚度/m	岩性特征
基本顶	粉砂岩	6.77	深灰色，断口平坦，水平～缓波状层理，含菱铁矿结核，裂隙稍发育，方解石、黄铁矿充填。上部呈粉、细砂岩互层，含丰富的植物化石，夹镜煤条带，f>5.5
直接顶	细砂岩	5.76	灰白色，成分以石英、长石为主，含少量暗色矿物，夹丝炭条带，含泥质包体，裂隙不发育，局部下部为薄层粉砂质页岩，f>5.5
直接底	粉砂岩	10.68	深灰色，断口平坦，水平～缓波状层理，含菱铁矿结核，裂隙发育，方解石、黄铁矿充填。含植物化石，f>5.5
基本底	泥岩	11.07	浅灰色，质纯，断口平坦～参差状，裂隙发育，方解石充填，f=2.5～5.55

（二）构造特征

西翼－500 m 水平轨道大巷，受断层和其他构造的影响，煤(岩)层倾角变化较大，局部达 30°。根据西翼采区勘探资料和实际揭露，预计影响西翼－500 m 行人大巷施工的断层有 F4、F9、F4-1 及一条落差 8 m 左右的正断层 F1；断层的位置及走向、倾角、落差及破碎带宽度有待进一步观测。由于断层附近岩层倾角变化大，局部岩层破碎，硬度较低，对工作面施工有较大的影响，具体参数见表 3-4。

表 3-4　西翼轨道大巷主要断层勘探参数一览表

构造名称	走向角度/(°)	倾向角度/(°)	倾角/(°)	性质	落差/m	对掘进影响程度
F9	30	120	55	正断层	20～33	影响大

表 3-4(续)

构造名称	走向角度/(°)	倾向角度/(°)	倾角/(°)	性质	落差/m	对掘进影响程度
F1	155	245	65	正断层	8	影响大
F4-1	28	118	60	正断层	16	影响大
F4	31	121	45	正断层	55	影响大

(三) 水文地质

根据彭庄煤矿水文地质类型划分报告资料,彭庄煤矿水文地质类型为中等,影响掘进的含水水源主要为 $3_{下}$ 煤顶、底板砂岩和三灰。

① 顶板砂岩水:中砂岩厚 11.4～13.78 m,下距 $3_{下}$ 煤 12.53 m,富水性不均一,为弱含水层。巷道掘进时会有少量砂岩水以滴水或淋水的形式涌出。

② 底板砂岩水:底板砂岩厚平均 10.68 m,局部富水,有少量砂岩水以底板渗水的形式涌出。根据西翼－500 m 胶带大巷掘进期间涌水量预计,西翼－500 m 轨道大巷掘进期间顶、底板砂岩正常涌水量为 10 m^3/h,最大涌水量为 20 m^3/h。

③ 三灰水:三灰厚 3.85～6.08 m,平均为 5.5 m,上距 $3_{下}$煤 54.14 m,上距 6 煤 14.36 m。岩溶裂隙发育,富水性弱。三灰最大涌水量预计:根据西翼－500 m 胶带大巷 8# 机房三灰孔资料,单孔最大涌水量为 54 m^3/h,预计本工作面掘进时最大涌水量为 54 m^3/h。

④ 古近系和新近系含水层水:巷道掘进期间煤岩层位与古近系和新近系底界间距大于 56 m 的古近系和新近系含水层保护煤岩柱,掘进期间不受古近系和新近系含水层水威胁。

⑤ 断层水:根据西翼－500 m 胶带大巷施工期间实际揭露情况,断层面无水涌出,断层下盘有少量淋水沿锚索、锚杆眼涌出。

⑥ 无封孔不良钻孔:不受封孔不良钻孔水威胁。

⑦ 涌水量预计:

$$\begin{aligned} Q_{正常} &= 顶板砂岩水正常涌水量+底板砂岩水正常涌水量 \\ &= 0\ m^3/h + 10\ m^3/h \\ &= 10\ m^3/h \end{aligned}$$

$$\begin{aligned} Q_{最大} &= 顶板砂岩水最大涌水量+底板砂岩水最大涌水量+三灰水最大涌水量 \\ &= 0\ m^3/h + 20\ m^3/h + 54\ m^3/h \\ &= 74\ m^3/h \end{aligned}$$

二、支护方案

(一) 巷道布置

西翼－500 m 水平轨道大巷自导线点 X27 前 3.5 m 按方位角 254°、+0.5%坡度掘进,共掘进 300 m。

(二) 支护设计

1. 巷道断面

西翼－500 m 水平轨道大巷设计断面为半圆拱形,锚网喷联合支护。西翼－500 m 水平轨道大巷断面情况如下:净宽 4 800 mm,净高 4 100 mm,墙净高 1 700 mm,荒宽

5 100 mm，荒高 4 450 mm，墙荒高 1 900 mm，喷射混凝土厚度为 150 mm，$S_{掘}=19.9\ m^2$，$S_{净}=17.2\ m^2$。

水沟布置在巷道前进方向左帮，水沟规格：净断面为宽×深=400 mm×300 mm，荒断面为宽×深=500 mm×400 mm。

具体参数见表 3-5。

表 3-5　西翼−500 m 水平轨道大巷设计参数

名称	西翼−500 m 水平轨道大巷	支护形式：锚网喷
$S_{掘}$	19.9 m^2	① 锚杆：ϕ20 mm×2 200 mm； ② 锚固剂型号：MSK2370，MSK2870； ③ 金属网：ϕ6.0 mm 盘圆加工制作的经纬网，钢筋网的规格为长×宽=2 000 mm×1 200 mm，网格为长×宽=150 mm×100 mm
$S_{净}$	17.2 m^2	
方位	254°	
坡度	+0.5%	
f	岩：2～5	

2. 支护方式

(1) 临时支护

采用吊挂式前探梁作为临时支护。前探构件由三根前探梁及三组吊环共同组成，每根前探梁用两个吊环按巷道前进方向前后顺巷道平行吊挂在拱部与巷道中心线等距左右相间各两根锚杆下方。每次爆破完成后，由外往里认真检查巷道的安全状况，发现隐患及时处理；在隐患没排除之前，严禁进行其他工作；到达迎头后，先在永久支护下进行找顶工作，及时清除拱部悬矸、危岩、活石，确保安全后，施工人员站在永久支护下预挂经纬网，经纬网与后部网子按质量要求压接，并用双股 14# 镀锌铁丝绑扎牢固，前探梁撑托经纬网，起到临时支护作用。前探梁上方用板梁接实顶板，板梁采用硬质方木制作，规格为长×宽×厚=1 200 mm×100 mm×50 mm，无法接实的用木楔背紧。顶板超高时板梁和顶板间要用大木楔和道木接顶背实，然后在前探支护的掩护下及时进行巷道支护工作。前探梁使用必须紧固有效，吊环每移动一次，都要检查它的安全情况，有无裂纹、开焊、损坏等，发现问题要及时更换。前探支架采用三条长 4.0 m，ϕ108 mm 钢管加工制作，相邻两根前探梁间距为 1.6 m，前探梁最大控顶距离为 2.4 m，最小控顶距为 0.3 m。

(2) 永久支护

所有断面均采用锚网喷支护作为永久支护，支护材料为等强度全螺纹钢锚杆、冷拔钢筋网，喷射混凝土（水泥、石子、沙子），喷体厚度为 150 mm，锚杆间排距为 800 mm×1 000 mm。

按悬吊理论计算锚杆参数：

① 锚杆长度为：

$$L = L_1 + L_2 + L_3 \tag{3-1}$$

式中　L_1——锚杆外露长度，取 0.1 m；

L_2——锚杆有效长度；

L_3——锚杆锚固长度，取 0.7 m。

当围岩存在松动破碎带时，L_2 的长度必须大于或等于松动破碎带高度。L_2 的长度取为

普氏免压拱高，当 $f\leqslant 3$ 时，

$$L_2=\frac{\left[\frac{L_4}{2}+H\cdot\cot(45^\circ+\varphi/2)\right]}{f}\approx 1.1145 \tag{3-2}$$

式中 f——岩石普氏系数，考虑 3 煤顶板为粉砂岩互层，易离层破碎，取 $f=3$；

L_4——巷道跨度，取为 5.1 m；

H——巷道掘进高度，取为 4.5 m；

φ——岩体内摩擦角，取为 70°。

故：

$$L=L_1+L_2+L_3=0.1+1.1145+0.7=1.9145\ \text{m}$$

经过计算锚杆长度取 2.2 m。

② 锚杆杆体 ϕ。根据杆体承载力与锚固力等强度原则确定，则：

$$d=35.52\sqrt{\frac{Q}{\sigma_1}} \tag{3-3}$$

式中 d——锚杆杆体计算直径，mm；

Q——锚固力，取为 80 kN；

σ_1——杆体抗拉强度，取为 380 MPa。

故：

$$d=35.52\sqrt{\frac{Q}{\sigma_1}}=35.52\sqrt{\frac{80}{380}}\approx 16.30\ \text{mm}$$

经计算杆体直径为 16.30 mm，施工中采用杆体直径 ϕ 为 20 mm。

③ 锚杆间排距计算，取 a：

$$a=\sqrt{\frac{Q}{KHR}} \tag{3-4}$$

式中 a——锚杆间排距，m；

Q——锚杆设计锚固力，80 kN/根；

H——冒落拱高度，$H=B/(2f)=5.1/(2\times 3)=0.85$ m；

R——被悬吊砂岩的重力密度，取 25.48 kN/m³；

K——安全系数，一般取 $K=2$。

故：

$$a=\sqrt{\frac{Q}{KHR}}=\sqrt{\frac{80}{2\times 0.85\times 25.48}}\approx 1.359\ \text{m}$$

通过以上计算，确定西翼－500 m 水平轨道大巷采取如下永久支护：采用锚网喷支护形式，锚杆采用等强度全螺纹钢锚杆，直径为 20 mm，长度为 2 200 mm，每排 15 根锚杆，拱部 9 根，拱部每根锚杆均用 1 块 MSK2370 型树脂锚固剂固定，两帮各 3 根，每根锚杆均用 1 块 MSK2870 型树脂锚固剂固定，锚杆间排距为 800 mm×1 000 mm。喷射混凝土厚度为 150 mm。

第四章　原支护方案巷道围岩监测

第一节　现场监测内容

前期现场监测的目的是弄清试验段巷道围岩松动破坏范围及矿压显现情况，主要监测内容包括钻孔窥视仪探测围岩松动破碎范围、地质雷达探测、巷道围岩表面收敛监测、顶板离层仪监测、锚杆荷载监测等。

一、钻孔窥视仪探测围岩松动破碎范围

（一）钻孔窥视仪原理

钻孔窥视技术（BCT）依靠光学原理使人们能直接观测到钻孔的内部。基于光学技术的钻孔摄像设备能以照相胶片或视频图像的方式直接提供钻孔孔壁的图像。这些图像不仅可用于定性地识别钻孔内的情况，而且还可准确地获得相关的数据并进一步从事定量分析。

钻孔摄像设备包括探头、深度测量装置、控制单元、电源、字符叠加器、录像机、监视器、电缆等。探头是该设备的关键部件。

在测试过程中，工程人员可以通过电视屏幕以轴向观测模式或侧向观测模式实时地观测钻孔内的情况。测试全过程可由录像机自动地记录。钻孔摄像的实时功能和自控技术的应用使设备的操作更加简单。

（二）探测可行性和必要性

本研究中采用的是中国矿业大学研制的 YTJ20 型钻孔窥视仪设备，该矿用钻孔电子窥视仪由探头、探杆、显示、控制及防爆电源几部分组成。该仪器由探头在钻孔中接受图像，通过接收仪直接观察。其外形结构及工作原理如图 4-1 所示。该仪器可与计算机连接，分析和处理图像。

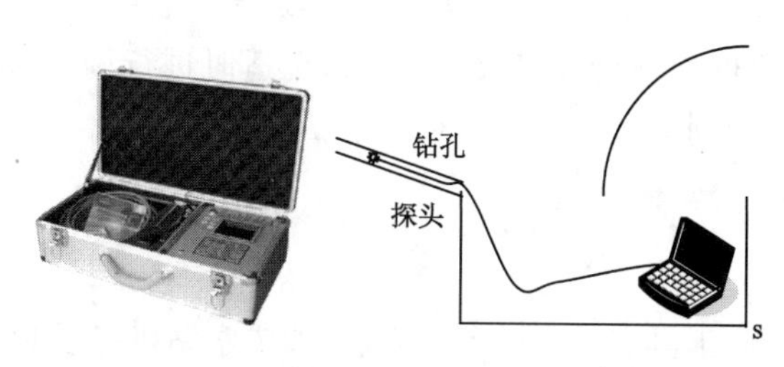

图 4-1　钻孔窥视仪设备及原理图

该设备具有如下结构特点：YTJ20 型岩层探测记录仪由 YTJ20-Z 型主机和 YTJ20-S 型摄像头组成，防爆形式均为本质安全型；整套仪器体积小，重量轻，便于井下远距离携带；探测记录仪摄像头的外径小于锚杆钻孔的尺寸，为 ϕ25 mm，可直接利用锚杆钻孔探测，无

须另配地质钻机钻孔，现场钻孔、探测快捷方便。岩层探测记录仪能实时显示并记录探测深度，通过配套软件，能够测量离层、破裂、破碎岩体裂隙宽度及范围，准确判断松动圈的位置和规模；能够确定围岩主变形及岩体主裂隙的方向。

松动圈理论认为，支护的作用就是限制围岩松动圈中碎胀力量所造成的有害变形。掌握巷道松动破坏的范围和规模以及受采动影响的变化规律，对于选择恰当的巷道支护方式与参数，确定合理的工作面超前支护范围具有重要意义。因此，利用矿用钻孔窥视仪对深井巷道围岩松动破坏规律进行系统的探测和分析，可为巷道支护设计和施工提供重要的参考数据，具有显著价值。

（三）钻孔窥视仪监测方案设计

1. 监测断面设计

钻孔布置示意图如图 4-2 所示。

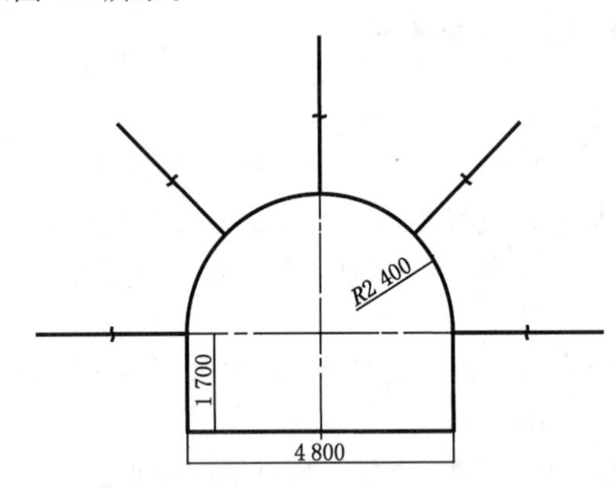

图 4-2　钻孔布置示意图

2. 监测方案设计

对打好的钻孔及时进行第一次观测，然后根据观测结果和巷道顶、底板情况及时对观测频率和密度进行调整。

3. 动态方案

由于现在巷道推进是进行动态设计、动态施工，设计方案具体实施过程中可能会出现其他未考虑到的情况，监测断面设计方案根据具体情况适时进行调整，动态设计，保证监测在满足科研要求的前提下顺利进行。

（四）钻孔窥视仪监测实施

1. 监测孔参数

由于矿井巷道现场施工具有一定的条件限制，如锚索钻机打缓倾角探孔具有较高难度；通风管、带式输送机等影响锚索钻机或风动钻机的操作空间；现场钻孔精度不好控制，所以在遵循原设计方案的基础上，某些孔的位置及深度根据具体施工条件进行了适当的调整，或由于精度问题与原方案有差别，经过测量，各钻孔具体参数统计见表 4-1、表 4-2。监测钻孔布置图如图 4-3 所示。

表 4-1　各监测断面钻孔方位统计表

	钻孔编号	1#	2#	3#	4#	5#
原支护方案	a/m	1.7	1.6	1.55	1.75	1.7
	b/m	1.85	1.9	1.95	1.97	1.8
	α/(°)	45	45	45	45	45

注:钻孔是对称施打,位置是对应相同。a 为①、⑤孔与底板的距离(孔在巷中右侧为正,左侧为负);b 为相邻钻孔的距离;α 为①、②孔间的角度。

表 4-2　各监测断面钻孔孔深统计表

	深度/m					
	钻孔编号	①	②	③	④	⑤
原支护方案	1#	8	—	6	—	6
	2#	6.2	—	5.6	—	8
	3#	—	6.5	5.5	6.8	—
	4#	8.1	—	4.8	6	6.9
	5#	7.5	6.2	5	—	7.7

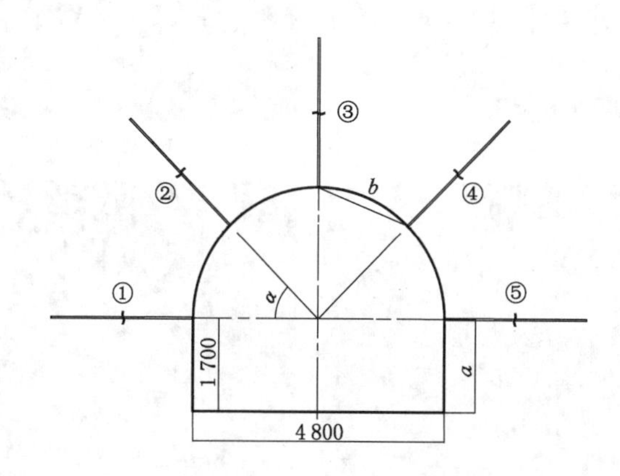

图 4-3　监测钻孔布置图

2. 监测

在井下巷道中打好钻孔后,清理钻孔,采用清水冲洗钻孔,就可以进行钻孔观察了。首先将钻孔窥视仪探头插入钻孔中,连接好探头与接收仪,打开接收仪器显示屏,就可以从中观察钻孔形态了,然后按下记录键。边观察,边慢慢转动和插入窥视仪进行观察和录像,记录钻孔内岩层的破坏情况及相应的深度和时间。

对每个断面均每间隔 2～5 d 监测一次,监测结果显示没有发现明显的裂隙和破坏发展。图 4-4 为井下进行现场监测的照片。

(五) 钻孔窥视仪监测数据解译

本研究对采集到的探孔数据进行了解译分析,参照相关标准建立彭庄煤矿钻孔窥视解译标准,部分参照标准如图 4-5 所示。

图 4-4　钻孔电视现场监测照片

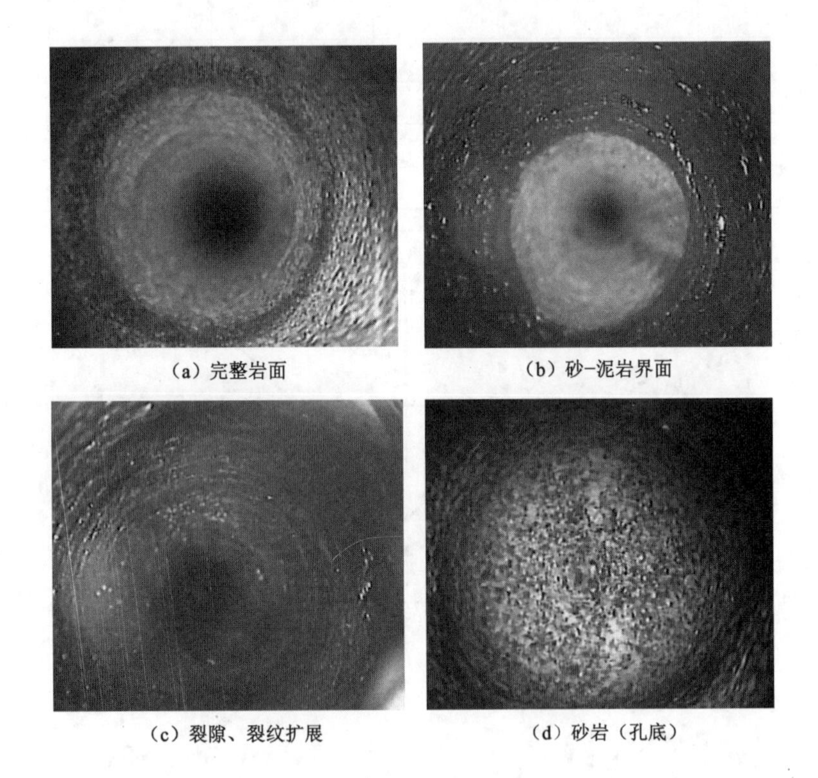

(a) 完整岩面　(b) 砂-泥岩界面

(c) 裂隙、裂纹扩展　(d) 砂岩（孔底）

图 4-5　煤(岩)孔形态

为了表述的简便，采用如下约定：

1. 探测孔号的表述

“a-b”，a 为第 a 号监测断面；b 为 a 号监测断面的 b 孔号。

2. 孔壁裂隙形态描述

① 宽张：裂隙张开宽度＞5 mm；

② 张开：裂隙张开宽度为 3～5 mm；

③ 微张：裂隙张开宽度为 1～3 mm；

④ 闭合：裂隙张开宽度<1 mm。

二、地质雷达探测

（一）探测原理

探地雷达（Ground Penetrating Radar，简称 GPR）是利用频率介于 $10^6 \sim 10^9$ Hz 的无线电波来确定地下介质的一种地球物理探测仪器。随着微电子技术和信号处理技术的不断发展，探地雷达技术被广泛应用于工程地质勘察、建筑结构调查、公路工程质量检测、地下管线探测等众多领域。

探地雷达的基本原理如图 4-6、图 4-7 所示。发射天线将高频短脉冲电磁波定向送入地下，电磁波在传播过程中遇到存在电性差异的地层或目标体就会发生反射和透射，接收天线收到反射波信号并将其数字化，然后由电脑以反射波波形的形式记录下来。对所采集的数据进行相应的处理后，可根据反射波的旅行时间、幅度和波形，判断地下目标体的空间位置、结构及其分布。探地雷达是在对反射波形特性分析的基础上来判断地下目标体的，所以其探测效果主要取决于地下目标体与周围介质的电性差异、电磁波的衰减程度、目标体的埋深以及外部干扰的强弱等。其中，目标体与介质间的电性差异越大，二者的界面就越清晰，表现在雷达剖面图上就是同相轴不连续。可以说，目标体与周围介质之间存在电性差异是探地雷达探测的基本条件。

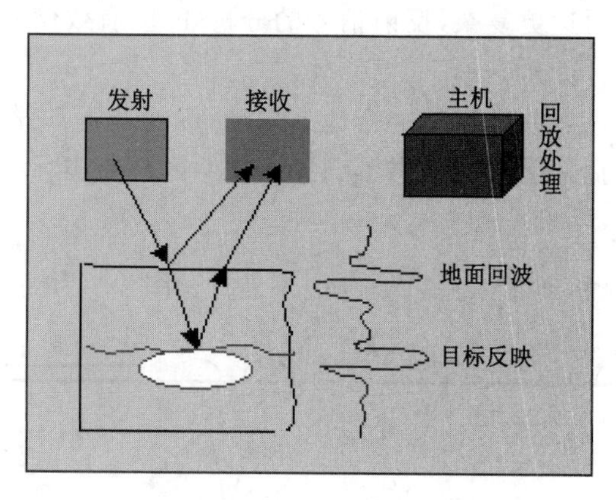

图 4-6　探地雷达的基本原理

电磁波在介质中的传播速度主要由介质介电参数 ε 决定，因此电磁波在介电性质不同的介质中的传播速度不同，雷达波的传播速度可以近似表达如下[50]：

$$v = \frac{c}{\sqrt{\varepsilon}} \tag{4-1}$$

式中　c——电磁波在空气中的传播速度；

ε——介质的介电常数。

电磁波的反射是地质雷达技术应用的基础，电磁波在不同电性介质间传播时会在电性分界面上产生反射，反射波的能量由反射系数决定：

$$k = \frac{\sqrt{\varepsilon_1} - \sqrt{\varepsilon_2}}{\sqrt{\varepsilon_1} + \sqrt{\varepsilon_2}} \tag{4-2}$$

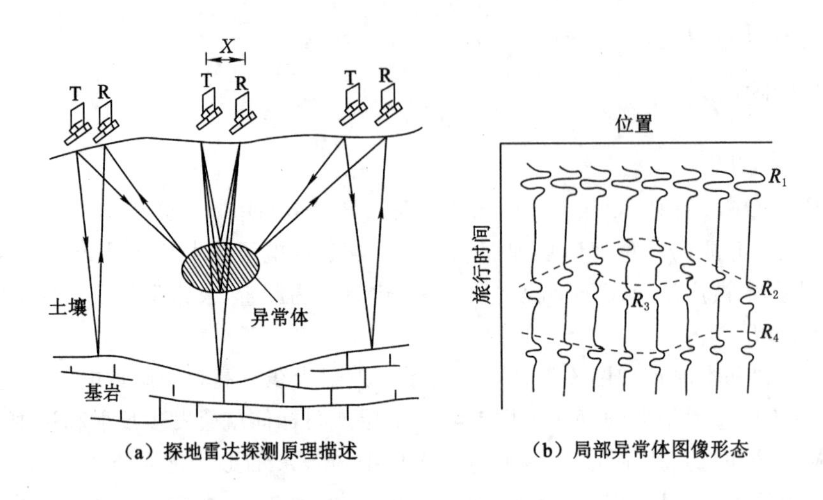

(a) 探地雷达探测原理描述

(b) 局部异常体图像形态

T——发射天线;R——接收天线。

图 4-7 探地雷达探测原理描述及异常体探地雷达图像

反射系数 k 决定了到达反射界面的电磁波能量中被反射部分的大小,从式(4-2)中可以看出,两种电性介质的介电性相差越大反射能量越强。由于地下介质为非均匀介质,其电性差异非常复杂,加上电磁波在地下介质中传播时,其衰减远比其在空气中传播时要剧烈,因此地质雷达技术比探空雷达更复杂,反射信号的分析处理、有效信号的识别和定性分析难度更大。

探地雷达采用高频电磁波的形式进行地下探测,因而其运动学规律与地震勘探方法类似。地震勘探方法的数据采集方式被借鉴到探地雷达方法的实际测量。

1. 测量方式

探地雷达现场测量时,通常采用以下方法来进行。图 4-8 为测量方式示意图。

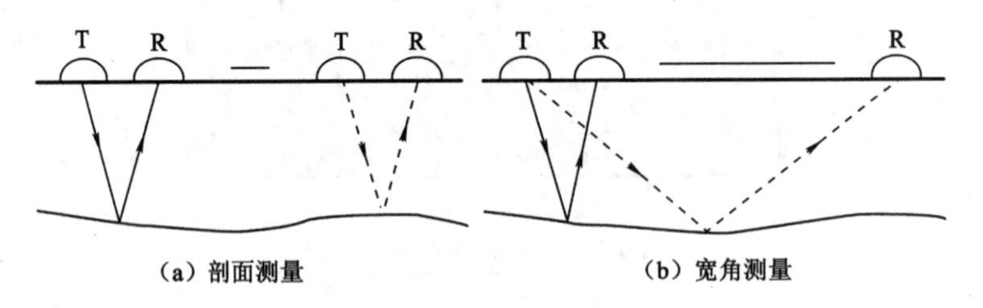

(a) 剖面测量

(b) 宽角测量

图 4-8 测量方式示意图

(1) 剖面法与多次覆盖测量

剖面法测量方式是发射天线 T 和接收天线 R 以固定间距沿测线同步移动进行观测的一种测量方式。其记录是一张时间剖面图像,这种测量可准确反映出地下各反射界面的形态。图像的横坐标记录了天线在地表的位置;纵坐标为反射波双程走时。

由于介质对电磁波的吸收,来自深部界面的反射波会由于信噪比过小而不易识别,这时可应用不同天线距的发射-接收天线在同一测线上进行重复测量,然后把测量记录中相同位置的记录进行叠加,这种方式称为多次覆盖测量,由它得到的记录能增强对深部地下介质的分辨能力。

（2）宽角法或共中心点法测量

宽角法测量方式是发射天线固定在地表某一点，接收天线沿地表逐点移动，记录地下各个不同界面反射波的双程走时。共中心点法测量是在保持中心点位置不变的情况下，不断地改变发射天线和接收天线间的距离。当地下界面为水平界面时，宽角法和共中心点法测量的结果是一致的。这两种测量方法的目的是求取地下各层介质的电磁波传播速度。

（3）多天线法或天线阵列法

这种方法是利用多个天线进行测量。每个天线使用的频率可以相同也可以不相同。每个天线道的参数如点位、测量时窗、增益等都可以单独用程序设置。多天线测量主要使用两种方式。第一种方式是所有天线相继工作，形成多次单独扫描，多次扫描使得一次测量所覆盖的面积扩大，从而提高工作效率。第二种方式是所有天线同时工作，利用时间延迟器推迟各道的发射和接收时间，可以形成一个叠加的雷达记录，改善系统的聚焦特性亦即天线的方向特性。聚焦程序取决于各天线之间的间隔。不同天线间距的结果表明，各天线间距越大，聚焦效果越好。

（4）透射测量方式

以上三种测量方式可以认为是反射测量方式。与反射测量方式不同，透射测量方式常用来检测物体内部损伤等情况、做层析层像以及研究雷达波在介质内部传播的属性等。

2. 参数的选择

测量参数主要包括天线中心频率、时间窗口、增益、测量点距等。

（1）天线中心频率的选择

天线中心频率的选择需兼顾到探测深度与分辨率，可按以下公式来确定[51]：

$$f = \frac{150}{x\sqrt{\varepsilon_r}} \tag{4-3}$$

式中　f——天线中心频率，MHz；

x——要求的垂直分辨率；

ε_r——围岩的相对介电常数。

（2）时间窗口的选择

时间窗口的选择主要取决于最大探测深度 D_{max} 与地层电磁波速度 v。时间窗口是指用时间数表示的探测深度的范围。时间窗口的选择主要取决于最大探测深度和介质的电磁波速度。时间窗口的选择可用下式表示[52]：

$$t_w = \frac{2.6D_{max}}{v} \tag{4-4}$$

式中　t_w——时间范围，ns；

D_{max}——最大探测深度，m；

v——电磁波在媒质中的速度，m/ns。

（3）增益的确定

增益的大小关系到采集信号的质量。增益过小，地质体异常在图像上的显示不清晰，不能反映地质体分布的全貌；增益过大则会使信号失真，造成无法恢复损失。因此，增益的合适与否对信号质量有很大影响。我们以最大振幅不超过监视窗口宽度的70%为增益选定的依据。在监视窗口中，有效反射信号振幅应是稳定的，当信号左右摆动或时有时无时表明有效信号太弱，噪声干扰大，此时可适当提高该时间段的增益。

（4）测量点距的选择

在地表凹凸不平时应采用点叠加方法测量，最大测量点距的选择以目标体上不少于20个探测点为原则，根据此原则，对于体积可能较小的目标体测量时应采取较小的测量点距。

3. 分辨率

分辨率是衡量探地雷达探测效果的一个很重要的参数，定义为分辨最小异常体的能力。要研究探地雷达的分辨率，必须要了解探地雷达天线发射的子波形态。目前的商业探地雷达系统通常采用高斯脉冲形式的调幅脉冲源，但该脉冲经过天线后，其波形相当于进行了一次微分运算。其子波形态与地震勘探中的子波形态相似，设子波形式为[53]：

$$f(t) = t^2 e^{-at\sin\omega_0 t} \tag{4-5}$$

式中　ω_0——中心频率。

脉冲的衰减速率取决于系数 a，该子波的频谱为：

$$F(\omega) = \frac{2\omega_0[3(a-\mathrm{i}\omega)^2-\omega_0^2]}{[(a-\mathrm{i}\omega)^2+\omega_0^2]^3} \tag{4-6}$$

该子波形式是分析探地雷达分辨率的基础。分辨率可分为垂向分辨率和横向分辨率。

（1）垂向分辨率

探地雷达剖面中能够区分一个以上反射界面的能力称为垂向分辨率[54]。电磁波垂直入射时，有来自地层顶面、底面的反射波以及层间的多次波，这些波的组合称为复合反射波。为了研究厚度对反射的影响，威德斯（Widess）于1973年编制了一个模型来说明地层厚度对波形的影响，如图4-9所示。

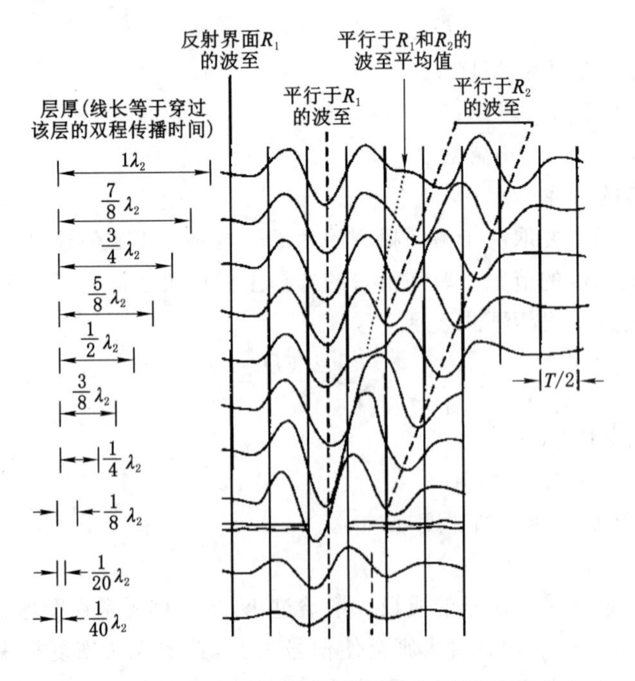

图4-9　Widess图解说明地层厚度对波形的影响

① 当地层厚度 b 超过 $\lambda/4$ 时，复合反射波形的第一波谷与最后一个波峰的时间差正比于地层厚度。地层厚度可以通过测量顶界面反射波的初至 R_1 和底界面反射波的初至 R_2 之间的时间差确定出来。因此一般把地层厚度 $b=\lambda/4$ 作为垂向分辨率的下限。

② 当地层厚度 b 小于 $\lambda/4$ 时，复合反射波形变化很小，其振幅正比于地层厚度，这时已无法由时间剖面确定地层厚度。

(2) 横向分辨率

探地雷达在水平方向上所能分辨最小异常体的尺寸称为横向分辨率。雷达剖面的横向分辨率通常可用菲涅尔带加以说明。设反射界面埋深为 h，当发射、接收天线距离远远小于 h 时，第一菲涅尔带半径可按下式计算[55-56]：

$$\gamma_f = \sqrt{\frac{\lambda h}{2}} \tag{4-7}$$

式中　λ——雷达子波的波长；

　　h——异常体的埋深。

对于探测地下单个异常体而言，探地雷达横向分辨率要小于第一菲涅尔带半径。对于两个同等埋深的相邻目标体而言，要区分出这两个目标体，两个目标体间的横向距离要大于第一菲涅尔带半径。此外，横向分辨率与地下媒质衰减常数和目标体深度有关，也与探地雷达天线的运动速度有关。

(二) 地质雷达设备

地质雷达设备选用美国劳雷公司的 SIR-3000 型地质雷达探测设备及相应天线，如图 4-10～图 4-12 所示。

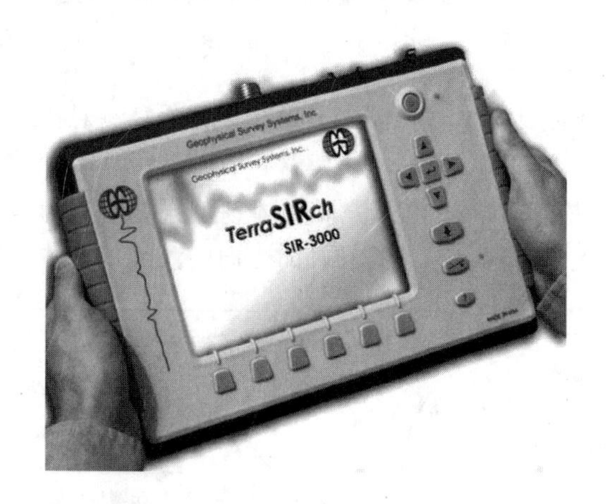

图 4-10　地质雷达主机

根据彭庄煤矿煤岩体介电常数及松动圈大体范围，200 MHz 及 400 MHz 天线均可采用。经过井下初测，400 MHz 天线显示出具有更高的精度，于是本研究主要采用 400 MHz 天线进行探测。

(三) 地质雷达测区及测线布置

(1) 测区选择

根据前期钻孔电视及顶板离层仪监测结果，为了能够探测迎头附近围岩在掘进过程中

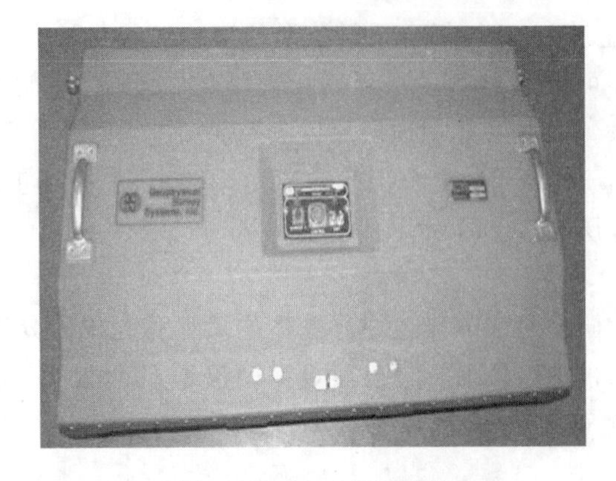

图 4-11　200 MHz 天线

图 4-12　400 MHz 天线

松动圈发育规律，同时在原钻孔电视探测断面进行多方法复测对比。

(2) 测线布置

为了全面分析围岩松动破碎范围及其规律，本研究进行了较为全面的测线布置，在每个测区的顶板、两帮和底板均布置有沿截面和轴向方向的测线。具体布置方法见图 4-13。

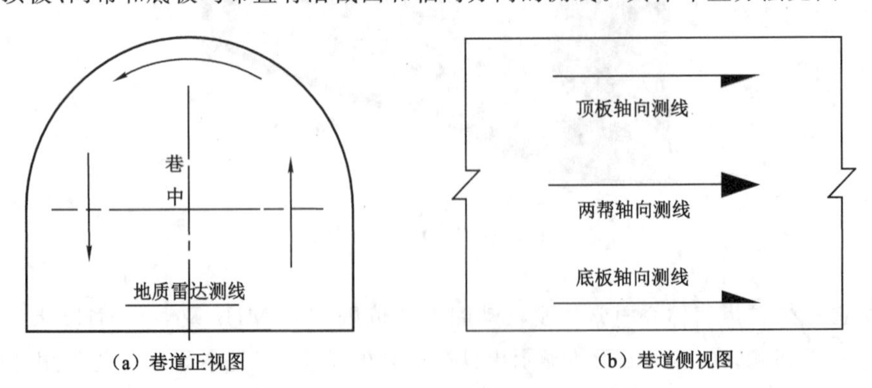

图 4-13　测线布置

(四) 探测实施

根据上述相关探测设计，本研究对西翼轨道大巷进行了 3 个测区的地质雷达探测工作。

图 4-14 为实际测线布置及相关探测工作现场照片。

图 4-14　现场雷达探测照片

三、巷道围岩表面收敛监测

巷道围岩表面收敛是反映巷道表面位移的大小及巷道断面收敛程度的重要指标，它包括顶板下沉量、底板鼓起量、巷帮移近量等，利用观测所得的数值可以判断围岩的变形能否保证巷道的正常使用、是否超过其安全最大允许值。

根据西翼轨道大巷现场地质条件，巷道围岩表面收敛监测共包括行人下山巷道距迎头 30 m、变坡点以下 25 m、距迎头 60 m 处，断面测点布置如图 4-15 所示。

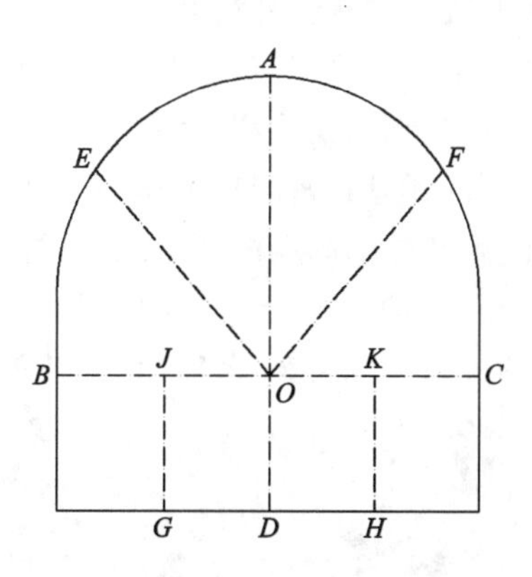

图 4-15　巷道表面位移监测断面布置图

四、顶板离层仪监测

顶板离层仪是一种监测顶板岩层移动的专用监测仪器（见图 4-16）。它可以显示顶板岩层的离层情况，有利于分析所使用锚杆的合理性和经济性，为煤矿技术人员选取锚杆参数提供了一定的科学依据。根据顶板离层仪观测到的数据进行分析，可得出不同的地质条件、岩性变化等情况，总结出巷道松动范围内离层量，以便及时采取其他有效的支护措施，防止顶板塌落事故的发生，确保安全生产。

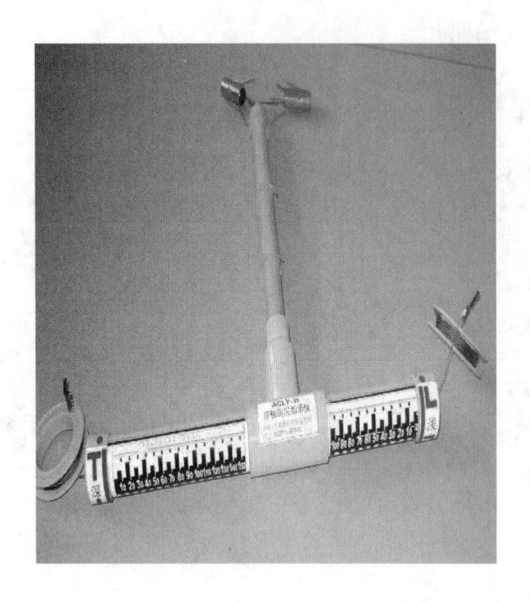

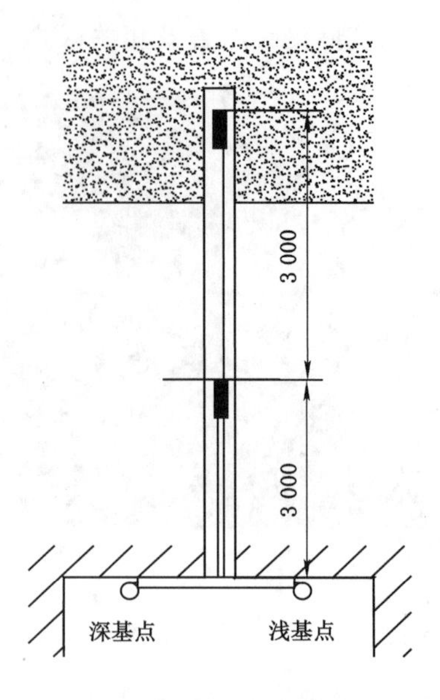

图 4-16　顶板离层仪

西翼轨道大巷顶板离层仪安装按照统一标准进行，每个断面深基点、浅基点深度分别为 8 m 和 4 m、6 m 和 2 m，初读数均为 0 mm，以下监测结果均依照该标准执行。

五、锚杆荷载监测

锚杆荷载监测是为便于实时跟踪监测锚杆荷载变化情况，分析锚杆工作状态，为调整和修改锚杆支护参数提供基础数据依据。锚杆荷载的监测是通过锚杆测力计（锚杆液压枕）来观测的，锚杆测力计对锚杆进行的是无损伤检测。

锚杆测力计由一个有中心孔的托盘式密闭充油压力盒和与之相连的压力表组成。安装时，把压力盒套在锚杆垫板（托盘）和外锚固端的螺母之间，即可以检测锚杆工作时轴向力变化情况。使用时要首先对锚杆施加预应力，记下压力盒指示的压力值，此后定时读取压力值，获取锚杆压力与时间变化的关系。现场锚杆测力计安装如图 4-17 所示。

图 4-17　锚杆测力计

进行锚杆荷载监测断面布置时,将其与巷道表面位移观测断面放在一起,以便于观测,每隔 50 m 布置 1 个观测断面。在每个观测断面上,在巷道的顶板、两肩各安装 1 套锚杆测力计。特别需提醒的是,锚杆测力计安设必须在紧跟迎头安装锚杆时进行。

第二节　现场监测结果及分析

一、钻孔窥视仪监测结果

表 4-3 和表 4-4 为孔号 1-1 和孔号 1-3 钻孔的电视探测结果。

表 4-3　钻孔电视探测结果(孔号 1-1)

时间(分:秒)	深度/m	裂隙发育形态描述
00:00	0	
00:19	0.4	微张
00:40	0.7	宽张
00:55	1	张开
01:14	1.5	张开
01:30	2	张开
01:51	2.4	微张
02:27	3	张开
02:52	3.5	微张
03:16	4	微张
03:45	4.7	张开
03:58	5	宽张
04:27	6	闭合
05:20	7	闭合
06:15	8	闭合
07:05	9	闭合
07:31	10	闭合

表 4-4　钻孔电视探测结果(孔号 1-3)

时间(分:秒)	深度/m	裂隙发育形态描述
00:00	0	
00:19	0.2	闭合
00:40	0.5	张开
00:55	0.7	微张
01:14	1.1	张开
01:30	1.3	宽张

表 4-4(续)

时间(分:秒)	深度/m	裂隙发育形态描述
01:51	2	张开
02:27	2.2	宽张
02:52	2.9	微张
03:16	3.1	张开
03:45	3.9	微张
03:58	5	闭合
04:27	6	闭合

由探测结果提取出来的孔壁裂隙分布柱状图如图 4-18 所示。

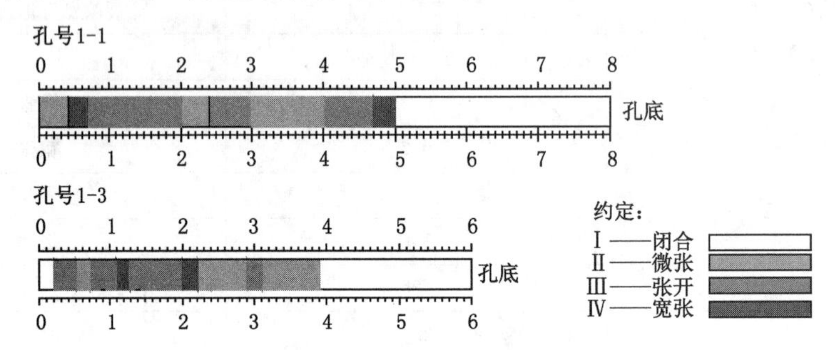

图 4-18 钻孔电视探测的孔壁裂隙分布柱状图

根据以上钻孔电视监测结果,绘制了 2 个监测断面的破坏区域分布图(见图 4-19)。其原则为将钻孔内超过 0.5 m 的裂隙视为完整区,用多义线将破坏区和完整区分隔开,绘制在断面图上,并用不同的网格充填。用粗线将破坏较严重的区域包括起来。

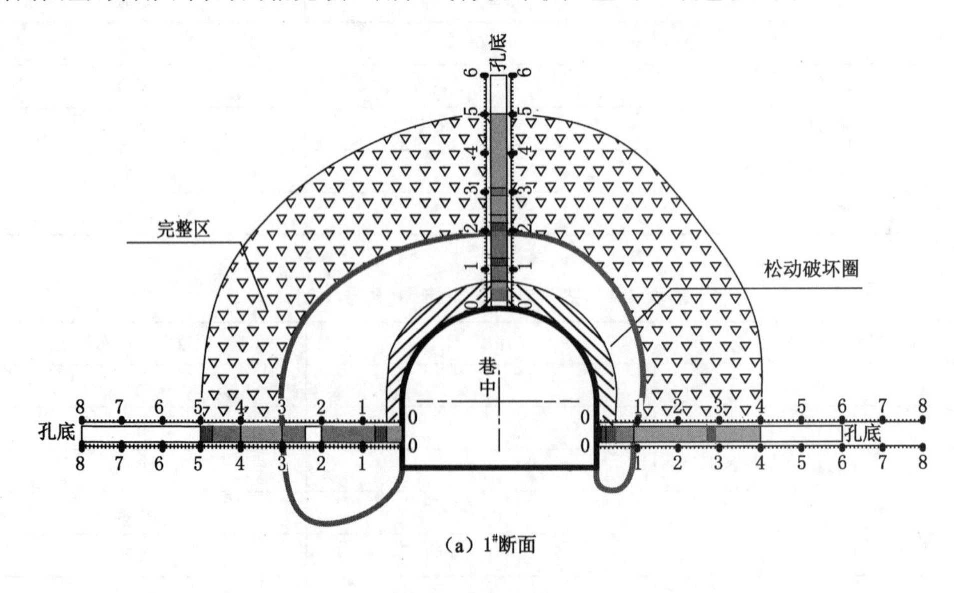

图 4-19 破坏区域分布图

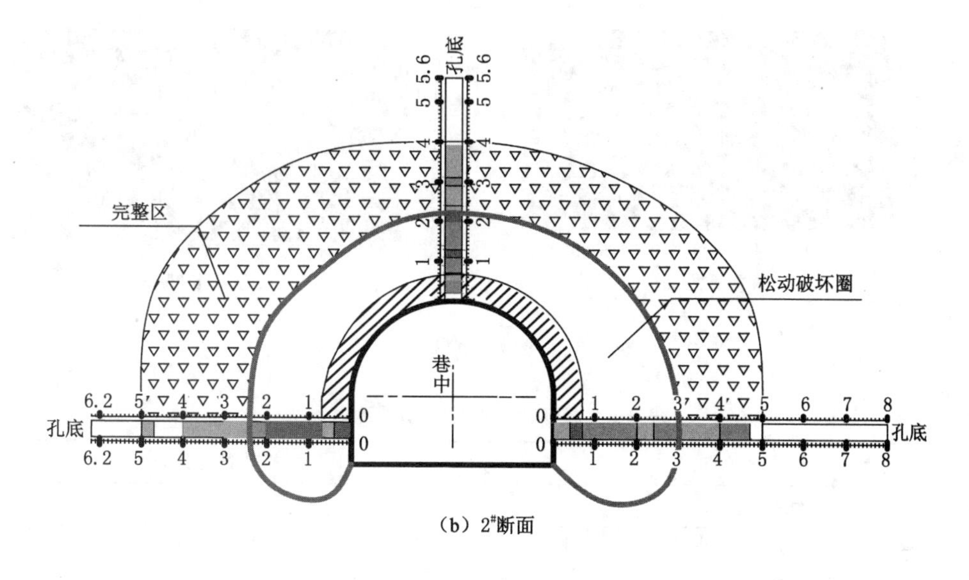

（b）2#断面

图 4-19(续)

二、地质雷达监测结果

在探测工作进行完之后，对采集到的数据进行整理，并结合前期钻孔电视及顶板离层仪等相关探测数据，进行分析，并得出相关结论。图 4-20 为部分巷道地质雷达探测剖面图。表 4-5 为深部巷道围岩松动圈测试结果。

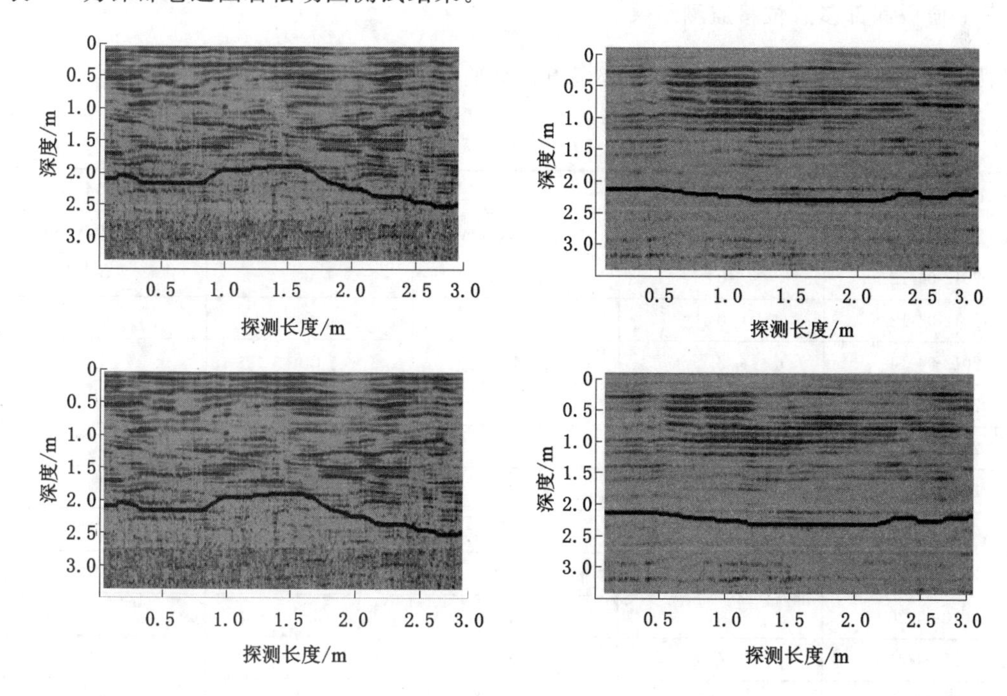

图 4-20　部分巷道地质雷达探测剖面图

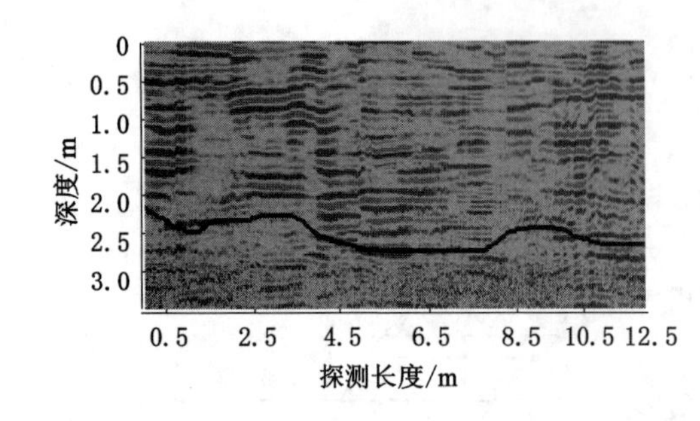

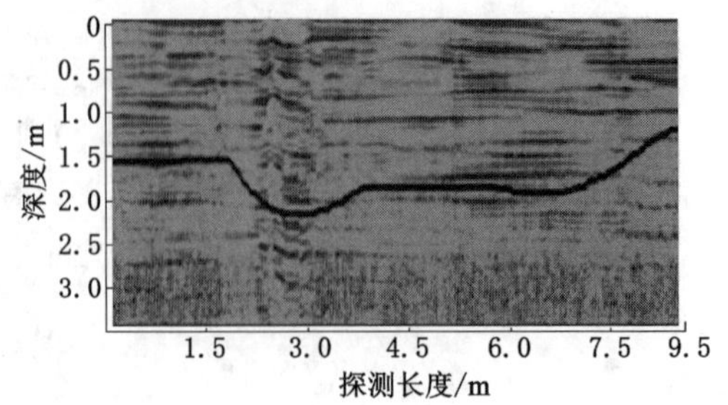

图 4-20(续)

表 4-5 深部巷道围岩松动圈测试结果

测试地点	松动圈大小/m
距迎头 15 m 处	1.6～2.3
变坡点以下 20 m	2.0～2.4
距迎头 70 m 处	2.2～3.2

由探测结果看,顶板横向探测表明松动破碎带深度在 2.1～2.8 m 之间,平均深度为 2.5 m。右帮轴向探测松动破碎带深度在 2.0～3.0 m 之间,平均深度为 2.4 m。底板轴向探测松动破碎带深度在 1.5～2.7 m 之间,平均深度为 2.2 m。底板横向探测松动破碎带深度在 2.2～3.2 m 之间,平均深度为 2.6 m。

三、顶板深部多点位移监测结果

西翼轨道大巷现有的 2 个顶板深部多点位移监测结果如表 4-6 和表 4-7 所示。

表 4-6 1# 监测点监测结果

离层仪编号	1#		安装时间	2012-04-12
观测日期	2 m 浅基点/mm	4 m 深基点/mm	6 m 浅基点/mm	8 m 深基点/mm
2012-04-12	0	0	0	0
2012-04-13	0	0	0	0
2012-04-14	2	4	1.6	2
2012-04-15	2	6	2.4	3.2
2012-04-16	3	9	4	5.6
2012-04-17	4	9	4.8	6.4
2012-04-18	4	9	4.8	7.2
2012-04-19	4	9	4.8	7.2
2012-04-20	4	5	3.6	7.2
2012-04-21	4	9	5.6	8
2012-04-22	4	9	5.6	8
2012-04-23	4	10	6	10

表 4-6(续)

离层仪编号	1#		安装时间	2012-04-12
观测日期	2 m 浅基点/mm	4 m 深基点/mm	6 m 浅基点/mm	8 m 深基点/mm
2012-04-24	5	12	6	14
2012-04-25	5	12	6	14
2012-04-26	5	12	6	20
2012-04-27	5	12	6	22
2012-04-28	5	12	6	24
2012-05-01	5	12	8	32
2012-05-10	5	15	12	32
2012-05-15	5	15	12	34
2012-05-20	11	15	16.4	36.8
2012-05-28	8	15	17.6	36
2012-06-06	8	15	17.6	36
2012-06-14	9	17	20	36
2012-06-16	11	18	20.8	40.8
2012-06-22	11	19	28	42
2012-06-26	11	22	30	46.8
2012-07-07	13	22	36	48.4

表 4-7　2# 监测点监测结果

离层仪编号	2#		安装时间	2012-04-24
观测日期	2 m 浅基点/mm	4 m 深基点/mm	6 m 浅基点/mm	8 m 深基点/mm
2012-04-24	0	0	0	0
2012-04-25	0	1.5	2.5	7.5
2012-04-26	2	2.5	2.5	8.5
2012-04-27	3	4.5	5.5	17
2012-04-28	3	6.5	7.5	20.5
2012-05-01	3	12	12.5	42.5
2012-05-10	3	22	25	55
2012-05-15	4	22	25	56
2012-05-20	7	22	30	58.5
2012-05-28	7	22	37.5	61
2012-06-06	9	22.5	42.5	61
2012-06-14	9	22.5	42.5	61
2012-06-16	11	22.5	43.5	62
2012-06-22	11	22.5	45	63.5
2012-06-26	11	23.5	46	63.5
2012-07-07	13	24.5	48.5	66

由监测结果得到的 1# 监测点深部位移监测曲线如图 4-21 所示。

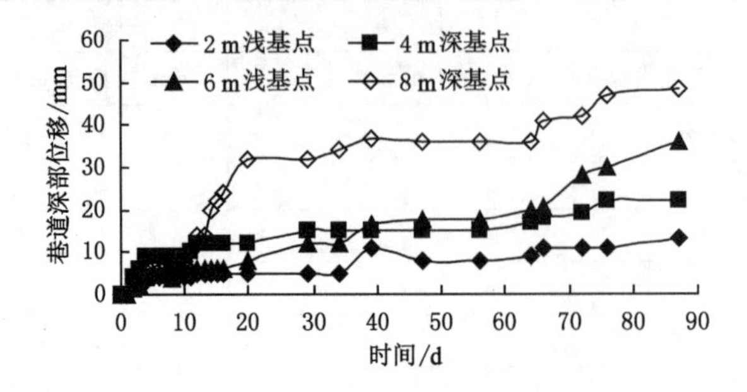

图 4-21 1# 监测点深部位移监测曲线

由监测结果得到的 2# 监测点深部位移监测曲线如图 4-22 所示。

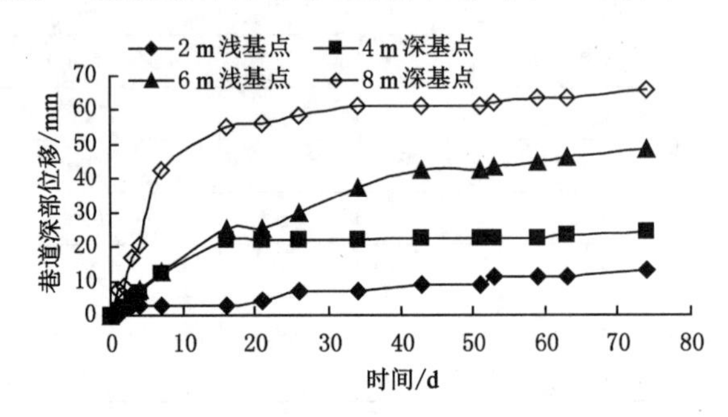

图 4-22 2# 监测点深部位移监测曲线

四、巷道表面位移监测结果

西翼轨道大巷共布置了 5 个巷道表面位移监测断面，2# 和 4# 监测断面的监测结果如图 4-23 所示。

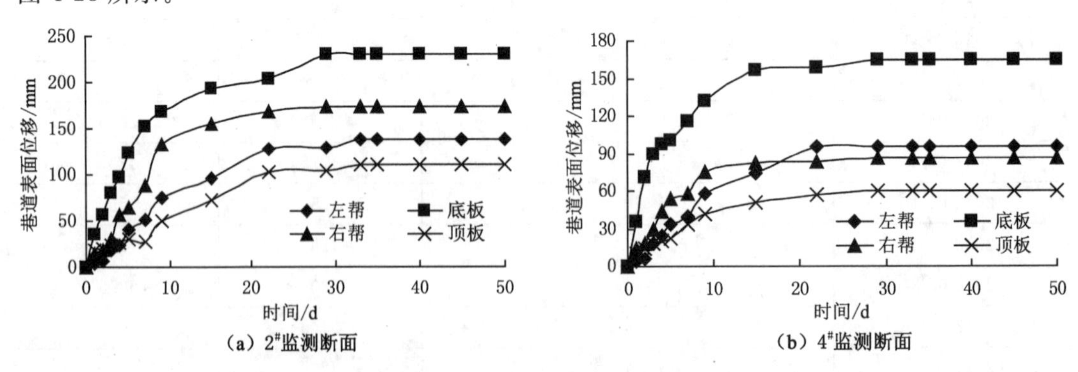

图 4-23 巷道表面位移监测曲线

五、锚杆测力计监测结果

原支护方案西翼轨道大巷安装的 2 个监测断面的锚杆受力监测结果如表 4-8 和表 4-9 所示。

表 4-8　1# 断面锚杆受力监测结果

测点编号			1#		安装日期	2012-04-12
锚杆受力/kN			锚杆受力/kN			观测日期
左帮	顶板	右帮	左帮	顶板	右帮	
5	3	5	50	40	55	2012-04-12
7	5	7	48	38	52	2012-04-13
10	8	7	52	40	55	2012-04-14
12	10	9	55	42	57	2012-04-15
15	10	9	55	43	58	2012-04-16
15	12	13	60	43	58	2012-04-17
15	12	13	62	43	63	2012-04-18
20	15	17	64	43	66	2012-04-19
20	15	17	66	43	68	2012-04-20
22	17	20	69	44	70	2012-04-21
25	18	21	69	44	72	2012-04-22
25	20	21	73	45	76	2012-04-23
27	22	23	75	45	78	2012-04-24
30	25	27	76	45	78	2012-04-25
37	30	30	76	46	82	2012-04-26
37	32	33	80	46	92	2012-04-27
40	35	34	85	46	95	2012-04-28
40	35	36	89	48	120	2012-05-01
45	40	44	101	47	140	2012-05-10
47	41	47	123	49	151	2012-05-15
47	43	55	135	54	154	2012-05-20
50	48	58	145	58	160	2012-05-28
55	48	62	148	58	161	2012-06-06
54	50	62	150	61	161	2012-06-14
54	45	65	150	60	165	2012-06-16
60	45	67	152	60	165	2012-06-22

表 4-9　2# 断面锚杆受力监测结果

测点编号			2#		安装日期	2012-04-24
锚杆受力/kN			锚杆受力/kN			观测日期
左帮	顶板	右帮	左帮	顶板	右帮	
6	0	5	58	50	55	2012-04-24
6	2	6	52	42	51	2012-04-25
8	4	6	58	51	55	2012-04-26

表 4-9(续)

测点编号			2#		安装日期	2012-04-24
锚杆受力/kN			锚杆受力/kN			观测日期
左帮	顶板	右帮	左帮	顶板	右帮	
10	6	8	65	52	56	2012-04-27
13	7	8	68	53	58	2012-04-28
15	7	12	75	55	60	2012-05-01
20	11	20	83	57	73	2012-05-10
29	15	28	90	58	84	2012-05-15
35	17	32	102	60	90	2012-05-20
38	19	40	124	62	98	2012-05-28
42	24	48	132	70	110	2012-06-06
50	26	52	143	75	132	2012-06-14
52	30	57	165	82	150	2012-06-16
60	35	66	170	88	161	2012-06-22
64	37	69	170	91	162	2012-06-26

由监测结果得到的 1# 监测断面锚杆受力监测曲线如图 4-24 所示。

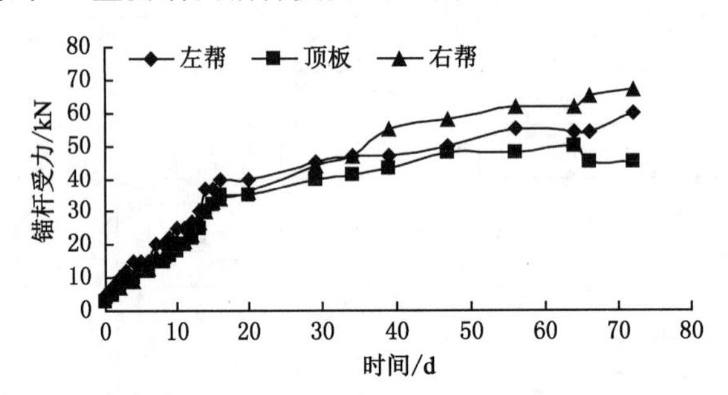

图 4-24　1# 断面锚杆受力监测曲线

由监测结果得到的 2# 断面锚杆受力监测曲线如图 4-25 所示。

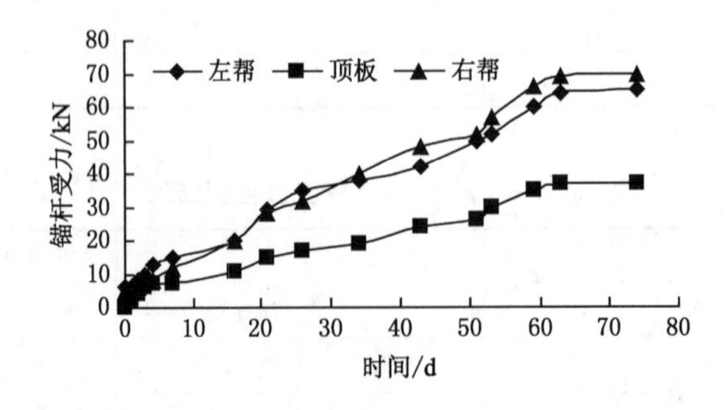

图 4-25　2# 断面锚杆受力监测曲线

第三节　现场监测综合分析

一、钻孔电视结果分析

根据上述探测结果，现将钻孔电视探测结果做如下统计，见表4-10。

表4-10　西翼轨道大巷各监测断面松动破坏圈统计表

监测断面	最大值/m	最小值/m	平均值/m	底板平均值/m	两帮平均值/m
1#	3.2	0.9	2.1	2.4	2.2
2#	2.8	1.8	2.5	2.3	2.1
3#	3.0	1.2	2.3	2.5	2.3
4#	3.0	1.5	2.3	2.6	2.1
5#	4.6	1.2	2.8	3.0	1.7
平均值	3.32	1.32	2.40	2.56	2.08

由表4-10内容，结合相关地质资料，对该矿围岩松动破坏圈可以作出如下总结：

① 巷道围岩松动破坏深度具有一定的波动性和局限性，最大4.6 m，最小0.9 m，平均为2.4 m；

② 巷道底板部位围岩破坏和松动范围最大，最大破坏深度为3.0 m，平均为2.56 m，巷道两帮破坏范围小于底板，平均为2.08 m，顶板的破坏范围最小；

③ 松动破坏范围和巷道围岩支护方式有关，西翼轨道大巷底板没有采取有效的支护措施，造成底板破坏范围明显大于两帮和顶板；

④ 由于巷道围岩中存在泥岩、砂质泥岩等软弱岩层，巷道开挖后在很短的时间内即产生了变形破坏，从连续监测结果看，围岩内部裂隙发展随掘进工作面推进变化明显。

二、地质雷达探测结果分析

根据上述探测结果，现将地质雷达探测结果做如下统计，见表4-11。

表4-11　探测结果统计表

测区编号	测线位置	探测方向	测线长/m	深度范围/m	平均深度/m
1	顶板横向	由左至右	3.5	1.5～2.1	1.8
	右帮上下	由上至下	3	2.6～3.0	2.8
2	顶板横向	由左至右	3.5	2.1～2.3	2.2
	右帮轴向	由前至后	2.5	2.6～3.0	2.7
	底板轴向	由前至后	4	2.2～2.3	2.2
	底板横向	由左至右	3	2.1～2.5	2.3
3	顶板横向	由左至右	3.5	2 ～2.2	2.15
	右帮轴向	由前至后	5	2.6～2.8	2.72
	底板轴向	由前至后	3	2～2.4	2.31
	底板横向	由左至右	4	1.6～2.1	1.75

由表 4-11 统计分析可得如下结论：

① 3 个测区松动破坏深度平均值为 2.3 m，与钻孔电视探测结果基本一致；

② 松动破坏深度值以顶板为最大，两帮次之，底板最小；

③ 整体来看，探测区围岩破碎深度具有较明显分界面，分界面前方围岩较后方明显破碎。

三、巷道表面收敛结果分析

通过现场监测的巷道表面位移监测结果可以看出：

① 巷道掘进初期，巷道表面位移随巷道掘进迅速增加，持续时间一般为 8～10 d，这是由于巷道开挖引起表面岩体由三向受力状态转为两向应力状态，围岩应力重新分布，应力场调整导致切向荷载大大增高，岩体承受的偏应力远远超过岩体抗剪强度，使得围岩由外向里快速破裂扩展，岩体碎胀扩容导致掘巷初期围岩位移迅速增加，随掘进迎头继续推进，围岩应力重新平衡，变形受巷道开挖的影响越来越小，围岩变形趋于平缓；

② 原支护方案条件下，巷道表面位移较大，其中底鼓量最大，最大值达到 225 mm，两帮内移量次之，最大值为 157 mm，顶板下沉量较小，最大值为 120 mm。

四、顶板离层结果分析

通过现场监测的巷道深部位移监测结果可以看出：

① 顶板最大离层位移深部为 66 mm，浅部为 48.5 mm；平均位移深部为 57 mm，浅部为 42 mm；顶板离层较大，巷道开挖后，围岩产生应力重分布，顶板存在软弱夹层造成顶板离层严重。

② 从顶板离层仪监测过程可知，离层仪安装后，顶板位移开始读数，一般经过 3～5 d 的时间即基本达到最大值，然后变化趋缓。

五、锚杆监测结果分析

从锚杆(索)荷载监测结果可以看出如下规律：

① 不同监测断面锚杆受力不均匀，有的锚杆受力较小，仅有很小的 40 kN，说明锚杆支护效果不好，没能发挥应有的支护加固作用，进而说明此断面锚杆内部发生了滑脱，锚杆失效；

② 还有的锚杆最大荷载为 165 kN，已基本达到或接近锚杆的屈服强度和破断强度；

③ 总体来看，锚杆、锚索初始安装预应力均较低，并且受力不均匀，部分锚杆失效。

六、支护问题总结

通过前期对彭庄煤矿西翼轨道大巷原支护方案进行围岩松动破坏范围及矿压显现情况监测分析，发现该处巷道主要存在以下问题：

① 巷道围岩松动破坏范围较大，且围岩松动破坏深度具有一定的波动性和局限性，围岩最大破坏范围达到 4.6 m。

② 深部位移监测结果显示，巷道开挖后顶板离层严重，顶板最大离层位移深部为 66 mm，浅部为 48 mm；平均位移深部为 57 mm，浅部为 42 mm，顶板离层较大。

③ 原支护方案条件下，巷道表面位移较大，其中底鼓量最大，最大值达到 225 mm，两帮内移量次之，最大值为 157 mm，顶板下沉量较小，最大值为 120 mm。

④ 锚杆支护效果不好，且锚杆预紧力整体较小，不同监测断面锚杆受力不均匀，有的锚杆受力较小，仅有很小的 40 kN，说明没能发挥应有的支护加固作用；还有的锚杆最大荷载为 165 kN，已基本达到或接近锚杆的屈服强度和破断强度。

第五章　西翼轨道大巷围岩峰后应变软化本构模型研究

第一节　围岩峰后力学试验研究

一、现场钻孔取芯及试件加工

西翼轨道大巷顶、底板砂岩、泥岩通过地质钻机现场取芯（见图 5-1），并用保鲜膜封存后至实验室加工。所有岩样均在实验室中经过切、割、磨，加工成 ϕ50 mm×100 mm 圆柱形试件，试件加工制作过程如图 5-2 所示。

图 5-1　岩样现场取芯

图 5-2　试件制作过程

二、室内基本力学试验

在山东大学岩土与结构工程研究中心实验室内，分别对所取砂岩、泥岩试块进行三轴压缩试验，得到西翼轨道大巷围岩力学参数。试件试验过程及破坏形态如图 5-3、图 5-4 所示。

图 5-3　试件三轴压缩试验

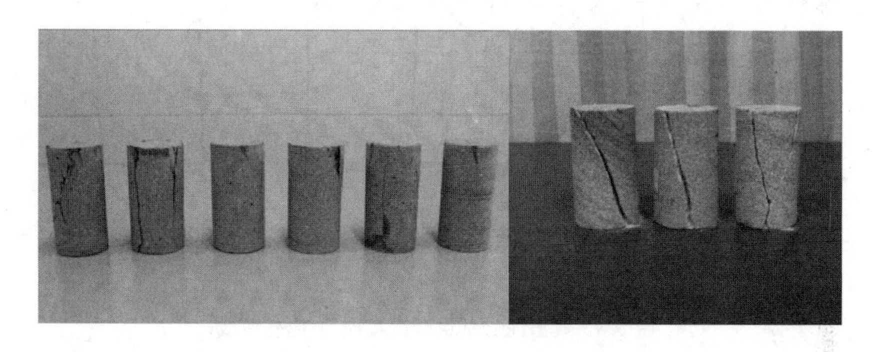

图 5-4　部分试件破坏形态

岩石试件在低围压作用下，其破坏形式主要表现为劈裂破坏。这一破坏形式与单轴压缩破坏很接近，说明围压对其破坏形态影响并非很大。在中等围压的作用下，试件主要表现为斜面剪切破坏。其剪切破坏角与最大应力的夹角通常为 $45°+\frac{\varphi}{2}$（φ 为岩石的内摩擦角）。而在高围压作用下，试件则会出现塑性流动破坏，试件出现宏观上的破坏断裂面而呈腰鼓形。由此可见，围压的增大改变了岩石试件在三轴压缩应力作用下的破坏形态。若从变形特性的角度分析，围压的增大使得试件从塑性破坏向塑性流动过渡。

三、围岩峰后力学特征分析

图 5-5、图 5-6 为通过室内三轴试验得到的典型砂岩与泥岩试件的全过程应力-应变曲线。

以典型的砂岩试件为例，通过岩石全过程应力-应变曲线，可以看到岩石的破坏过程经历了以下四个阶段：

① 第 1 阶段为线弹性阶段（AB）。岩石应力-应变呈线弹性关系，弹性模量为常数。

② 第 2 阶段为塑性硬化变形阶段（BC）。当应力超过屈服极限（即 B 点）时，岩石进入非线性变形阶段，开始产生破裂，变形模量或应力-应变曲线的切线斜率逐渐减小直至为 0，这是岩石不断损伤所致。

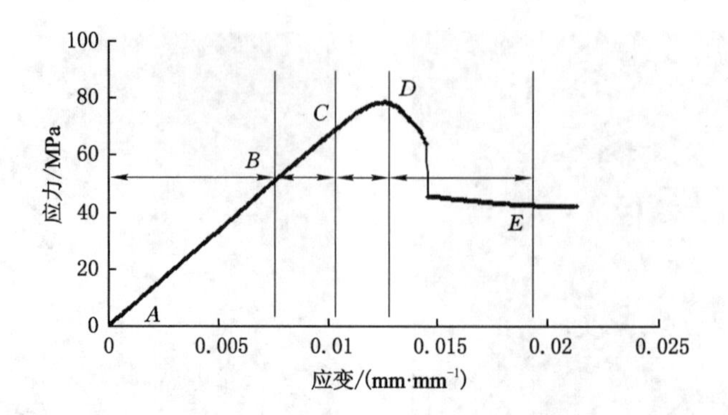

图 5-5　典型砂岩试块全过程应力-应变曲线

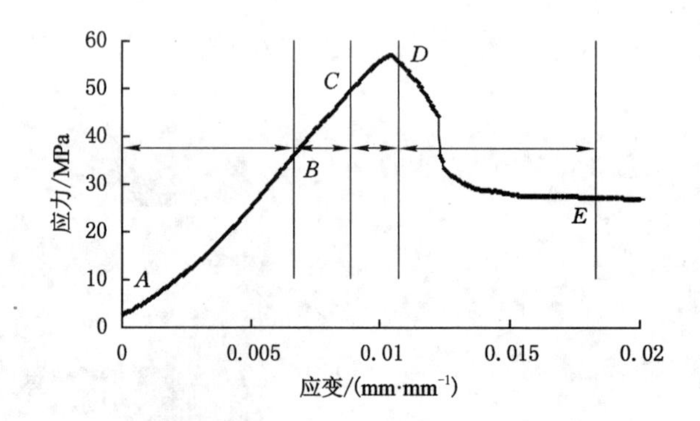

图 5-6　典型泥岩试块全过程应力-应变曲线

③ 第 3 阶段为岩石应变软化阶段(CD)。当应力达到强度极限(即 C 点)时,岩石进入逐步破坏阶段,随着变形的增加,岩石强度逐渐丧失,直至达到残余强度。

④ 第 4 阶段为完全破坏阶段(DE)。随着变形的继续增加,岩石内部形成了贯穿的宏观断裂,断裂面之间的黏聚力基本丧失,承载力完全由破裂面之间的摩擦力提供,并维持在一个稳定值(即残余强度),它不再随变形的增加而变化。

上述 4 个阶段表明了岩石变形破坏全过程具有阶段性。

采用 Mohr-Coulomb 准则,分别对围岩的峰值强度、残余强度与围压进行线性拟合,可以得到彭庄煤矿西翼轨道大巷围岩峰值点处于峰后残余流动阶段的物理力学参数,如表 5-1 所示。

表 5-1　围岩物理力学参数

围岩类型	重力密度 $\gamma/(kN\cdot m^{-3})$	弹性模量 E/MPa	抗压强度 σ_c/MPa	抗拉强度 σ_t/MPa	泊松比 μ	峰值强度		残余强度	
						黏聚力 c/MPa	内摩擦角 $\varphi/(°)$	黏聚力 c/MPa	内摩擦角 $\varphi/(°)$
细砂岩	24.5	11 176	71.17	8.92	0.27	15.33	35.26	3.33	21.26
粉砂岩	26.0	13 128	83.65	10.22	0.25	17.46	39.41	4.46	24.41
泥岩	22.3	9 022	43.31	3.81	0.28	8.94	31.23	1.94	18.23

第二节　西翼轨道大巷围岩峰后应变软化模型建立及验证

一、岩石力学的基本概念和原理

（一）概述

众所周知，岩石是一种准脆性非均匀材料，具有复杂的力学性质。经典的岩石类材料强度理论都是根据金属材料的力学形态建立的，然而相比较金属材料来说，岩石材料不具有金属材料优良的延展性，且其力学性质更加复杂，因此，经典的材料强度理论并不完全适用于岩石类材料。岩石类材料的基本物理力学性质包括基本物理性质、岩石的强度特性以及岩石的变形特性等方面。本节主要研究岩石的强度特性和变形特性。

所谓岩石的强度，是指岩石类材料受力时抵抗破坏的能力。由于荷载作用的形式不同，对岩石而言，通常研究岩石的单轴抗压强度、抗拉强度、剪切强度以及三轴压缩强度等，本节主要研究岩石在三轴压力作用下的强度。在岩石工程中，尤其是地下岩石工程中，岩石一般处于三轴压缩应力的作用下，因此，岩石的强度特性在三轴压力作用时有明显的反映。三轴压缩强度是指在不同的三轴压缩应力作用下岩石抵抗外荷载的最大应力，通常用一个函数式表示，其通式为：

$$\begin{cases}\sigma_1 = f(\sigma_2,\sigma_3) \\ \tau = f(\sigma)\end{cases} \tag{5-1}$$

式中　σ_1——最大主应力；

σ_2——为中间主应力；

σ_3——最小主应力。

由公式可知，岩石的三向压缩应力的强度可用两种不同的表达式。两种不同的表达式是等价的。由于岩石三轴压缩强度是根据试验的结果确定并建立的，从目前的研究可以知道，很难用一个具体的显示函数形式给予精确的描述。另外，由试验的结果可知，随着所施加的围压的增大，其相应的极限最大主应力也将随之增大。因此，总体上来说，它是一个单调函数。

（二）引入变量

岩石峰后力学研究的一个首要内容是必须选择表征峰后力学性质的合适的变量，它是表示岩石峰后力学性质演化程度的量度。在研究岩石的峰后力学行为时一般是假定简单的本构模型，它与实际中岩石的本构模型相差较远，且不能很完善地表述岩石峰后的力学性质，因此对峰后变量的假设不能简单地设置成线性变化，也不能设置较为复杂的函数而不利于计算，然后通过基本假设将岩石峰后力学性质的表征变量表示出来，进而研究岩石性质。

总之，一个本构模型能成功建立，描述岩石强度的函数关系式的推导是最基本的问题，也是很重要的。通过岩石的三轴试验数据分析峰后区域岩石力学特性参数的变化规律，选择理想的参数变量需要注意以下几个问题：

① 参数变量需要具有一定的物理意义；

② 采用尽可能少的独立材料参数，方便数学运算和试验数据测定；

③ 参数变量的描述需要具有较高的表征度，可以通过参数变量表征材料宏观性质（比如弹性模量等）。

岩石的模量和强度并不是相同的岩石参数，它代表着岩石的不同的性质。岩石模量（modulus，用 E 表示）在岩石的应力-应变曲线中，不管是在峰前区域还是峰后区域均可用曲线斜率来求得。

为了获得岩石全应力-应变曲线，根据西翼轨道大巷所取岩块的三轴试验结果，通过保持围压不变，以恒定的速率施加轴压直至试验结束，即可得到典型砂岩试件的三轴压缩试验全应力-应变曲线，如图 5-7 所示。

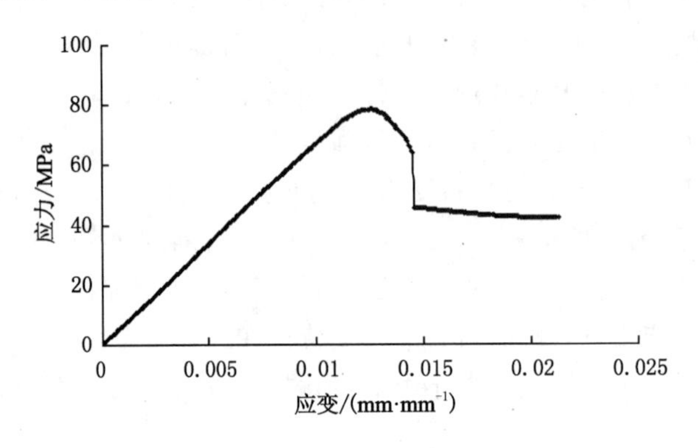

图 5-7　典型砂岩试块全过程应力-应变曲线

将图 5-7 进一步简化可得应力-应变软化关系示意图（见图 5-8）。由图 5-8 可知，简化后的岩石应力-应变曲线满足如下关系[57]：

$$E = \frac{\sigma_{1p}}{\varepsilon_p}（峰前） \tag{5-2}$$

式中　σ_{1p}——岩石峰值应力；

ε_p——岩石峰值应变。

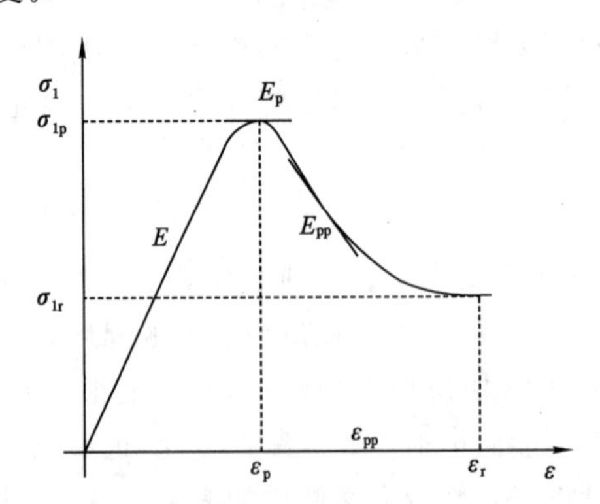

图 5-8　应力-应变软化关系示意图

峰后弹性模量随着加载不断变化，但并非是简单线性变化。将峰后弹性模量视为应力-应变曲线的斜率，即：

$$E = \frac{\partial \sigma_{pp}}{\partial \varepsilon_{pp}} \tag{5-3}$$

式中　σ_{pp}——岩石峰后应力；

ε_{pp}——岩石峰后应变。

砂岩试件在三轴试验加载的过程中，有时会经历应变软化的过程。室内试验和现场测试的结果表明，在应变软化的过程中，岩石的强度参数会发生变化，内摩擦角与应变关系曲线见图5-9[57]。图5-9中，大的方框点表示此时岩石到达峰值应变，其后岩石进入应变软化阶段。由图可以看出，岩石破坏后，其内摩擦角为 φ_{pp} 随着相应的应变 ε_{pp} 的改变而不断变化，且这种变化是非线性的。因此，本书假设在峰后曲线的区域内岩石内摩擦角 φ_{pp} 是峰后应变 ε_{pp} 的二次函数。

$$\varphi_{pp} = R + S\varepsilon_{pp} + T\varepsilon_{pp}^2 \tag{5-4}$$

式中　R,S,T——系数；

φ_{pp}——峰后岩石内摩擦角。

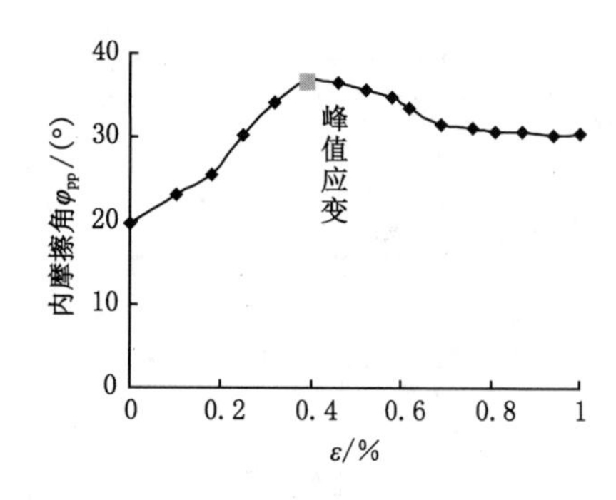

图5-9　砂岩内摩擦角与应变关系曲线

（三）基本假定

当岩石到达残余应力时，内摩擦角不再发生变化，即内摩擦角对应变的导数为0（见图5-10），即[58-59]：

$$\frac{\partial \varphi_r}{\partial \varepsilon_r} = 0 \tag{5-5}$$

式中　φ_r——岩石到达残余应力时所对应的内摩擦角；

ε_r——岩石到达残余应力时所对应的应变。

由图5-10可知，当试验轴压加载至峰值点 σ_p 时，由式(5-4)可得 φ_p 的表达式，即：

$$\varphi_p = R + S\varepsilon_p + T\varepsilon_p^2 \tag{5-6}$$

随着轴压的不断增大，直至达到残余应力 σ_{1r} 时，由式(5-4)可得 φ_r 的表达式，即：

$$\varphi_r = R + S\varepsilon_r + T\varepsilon_r^2 \tag{5-7}$$

将式(5-7)代入式(5-5)可得：

$$\varepsilon_r = \frac{-S}{2T} \tag{5-8}$$

假定残余应力是围压的二次函数，即：

$$\sigma_{1r} = D\sigma_3^2 + F\sigma_3 + \sigma_{cr} \tag{5-9}$$

式中　D,F——系数；

σ_{cr}——单轴抗压残余应力。

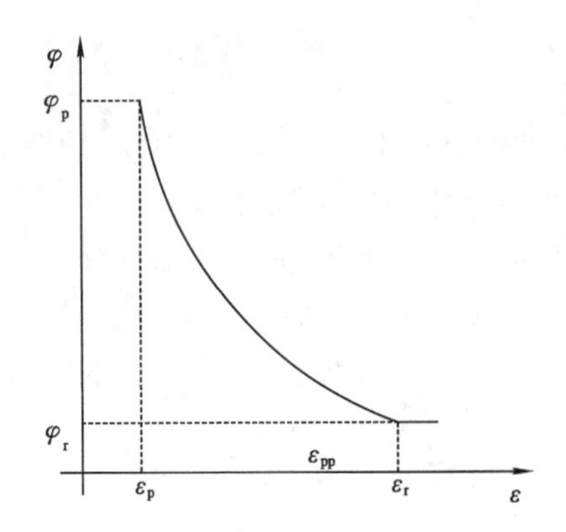

图 5-10　峰后内摩擦角变化曲线

对于发生应变软化现象的岩石，表征岩石的峰后力学行为需要确定 2 种强度标准，即峰值强度和残余强度。峰值强度与残余强度的关系曲线，如图 5-11 所示。

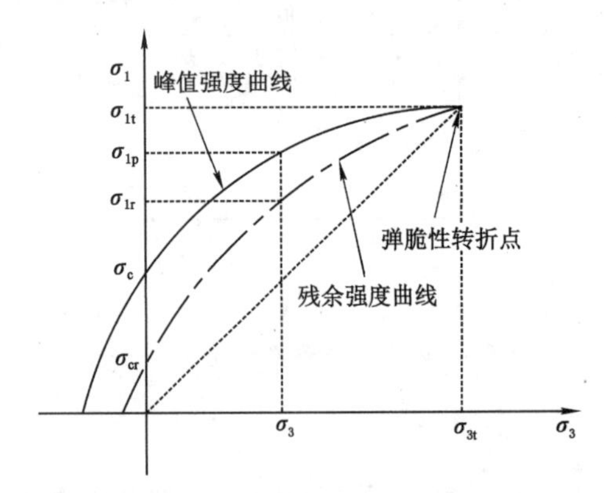

图 5-11　峰值强度与残余强度的关系曲线

由图 5-11 可以看出[60]，对于既定的围压，其对应的峰值强度和残余强度也是唯一的。随着围压的增大，峰值强度和残余强度也在不断增大。当围压达到弹脆性转折点(σ_{1t}，σ_{3t})(σ_{1t}表示岩石到达弹脆性转折点时的峰值强度，σ_{3t}表示此时所对应的围压)时，峰值应力和残值应力的关系为：

$$\begin{cases}\sigma_{1p}=\sigma_{1r}\\ \dfrac{\partial\sigma_{1p}}{\partial\sigma_3}=\dfrac{\partial\sigma_{1r}}{\partial\sigma_3}\end{cases}\tag{5-10}$$

岩石的破坏准则一般可用通式 $f(\sigma)-G=0$ 表示，若是 $f(\sigma)-G\geqslant0$，说明岩石已经屈服或破坏，其中 G 为常数。本书模型采用 Mohr-Coulomb 强度准则判断岩石的破坏。

由 Mohr-Coulomb 强度准则可知，岩石在峰后应变软化阶段任意一点的应力状态(见图 5-12)满足下式：

$$\sigma_1=\frac{2c\cos\varphi_{pp}}{1-\sin\varphi_{pp}}+\sigma_3\frac{1+\sin\varphi_{pp}}{1-\sin\varphi_{pp}}\tag{5-11}$$

式中　c——岩石的黏聚力；

φ——岩石的内摩擦角。

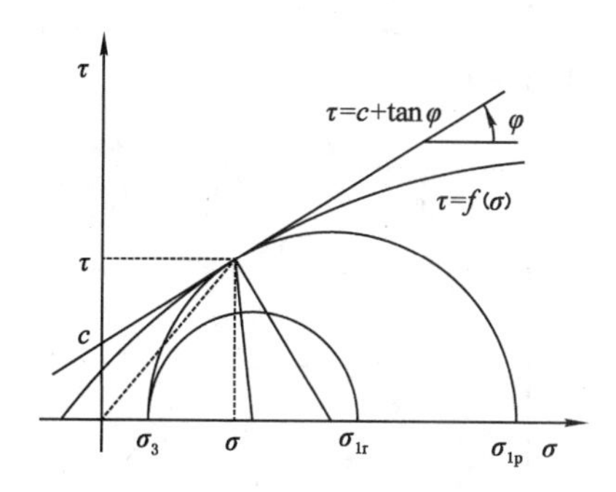

图 5-12　Mohr-Coulomb 强度准则

令：

$$m = \frac{2c\cos\varphi_{pp}}{1-\sin\varphi_{pp}}, k = \frac{1+\sin\varphi_{pp}}{1-\sin\varphi_{pp}} \tag{5-12}$$

由此可知，m、k 是随峰后内摩擦角而变化的，可得：

$$\sigma_1 = m + k\sigma_3 \tag{5-13}$$

二、岩石峰后应变软化模型的建立

岩石峰后力学行为研究由来已久，是为了研究岩石破坏后的强度特性、变形特性以及规律以期能够简单统一地将岩石峰后力学行为规律应用于实际工程中。本书提出了对岩石峰后力学性质表征变量变化规律的假定，假设其按一定的函数衰减，求得岩石峰后强度模量与所引入变量之间的关系。这样通过公式推导就能得到岩石峰后应力-应变曲线的拟合曲线。对于岩石峰后变形特征有了简单的描述和总结，有利于对岩石力学性能进行了解。

当围压值达到弹脆性转折点时，将式(5-9)、式(5-10)、式(5-11)和式(5-13)联合求解，可得：

$$\begin{cases} D = \dfrac{m-\sigma_{cr}}{\sigma_{3t}^2} \\ F = k - \dfrac{2(m-\sigma_{cr})}{\sigma_{3t}} \end{cases} \tag{5-14}$$

将式(5-14)代入式(5-9)可得残余应力与围压的关系为[58]：

$$\sigma_{1r} = \frac{(m-\sigma_{cr})}{\sigma_{3t}^2}\sigma_3^2 + \left[k - \frac{2(m-\sigma_{cr})}{\sigma_{3t}}\right]\sigma_3 + \sigma_{cr} \tag{5-15}$$

将式(5-4)～式(5-8)联立并求解，可得[58]：

$$\begin{aligned} R &= \varphi_r + \varepsilon_r^2 \frac{\varphi_p - \varphi_r}{(\varepsilon_r - \varepsilon_p)^2} \\ S &= -2\varepsilon_r \frac{\varphi_p - \varphi_r}{(\varepsilon_r - \varepsilon_p)^2} \\ T &= \frac{\varphi_p - \varphi_r}{(\varepsilon_r - \varepsilon_p)^2} \end{aligned} \tag{5-16}$$

$$\frac{\partial \varphi_{pp}}{\partial \varepsilon_{pp}} = -2\frac{(\varphi_p - \varphi_r)}{(\varepsilon_r - \varepsilon_{pp})^2}(\varepsilon_r - \varepsilon_{pp}) = \frac{2(\varphi_p - \varphi_r)}{(\varepsilon_{pp} - \varepsilon_r)} \tag{5-17}$$

根据莫尔应力圆(见图 5-13)可得：

$$\tan \varphi_{pp} = \frac{(\sigma_{pp} - \sigma_3)\sin 2\theta}{(\sigma_{pp} + \sigma_3) + (\sigma_{pp} - \sigma_3)\cos 2\theta} \tag{5-18}$$

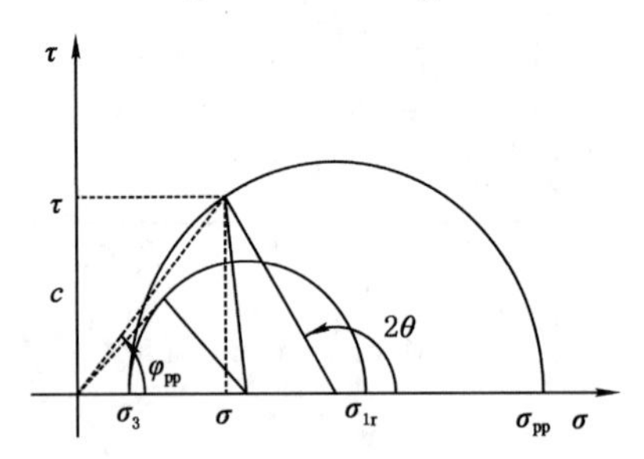

图 5-13 莫尔应力圆

由式(5-18)可得峰后岩石任意点的主应力与内摩擦角的关系为：

$$\sigma_{pp} = \sigma_3 \frac{[\tan \varphi_{pp}(\cos 2\theta - 1) - \sin 2\theta]}{[\tan \varphi_{pp}(\cos 2\theta + 1) - \sin 2\theta]} \tag{5-19}$$

式(5-19)左右两边分别对 φ_{pp} 求导得[58]：

$$\frac{\partial \sigma_{pp}}{\partial \varphi_{pp}} = -\sec^2 \varphi_{pp} \frac{[\sigma_{pp}(\cos 2\theta + 1) + \sigma_3(1 - \cos 2\theta)]}{[\tan \varphi_{pp}(\cos 2\theta + 1) - \sin 2\theta]} \tag{5-20}$$

由式(5-3)可知：

$$E_{pp} = \frac{\partial \sigma_{pp}}{\partial \varepsilon_{pp}} = \left(\frac{\partial \varphi_{pp}}{\partial \varepsilon_{pp}}\right)\left(\frac{\partial \sigma_{pp}}{\partial \varphi_{pp}}\right) \tag{5-21}$$

将式(5-17)、式(5-20)代入式(5-21)，可得：

$$E_{pp} = \frac{\sin 2\theta}{\sin^2 \varphi_{pp}} \frac{(\sigma_{pp} - \sigma_3)^2}{\sigma_3} \frac{(\varphi_{pp} - \varphi_r)}{(\varepsilon_{pp} - \varepsilon_r)} \tag{5-22}$$

由莫尔应力圆(见图 5-13)可知：

$$2\theta = 2\arctan\left[\sqrt{\frac{\partial \sigma_1}{\partial \sigma_3}}\right] \tag{5-23a}$$

其中，

$$\frac{\partial \sigma_1}{\partial \sigma_3} = k \tag{5-23b}$$

三、对比分析验证

为了验证本书计算模型的合理性，对西翼轨道大巷所取砂岩、泥岩试件三轴试验数据进行整理，得到的结果如表 5-2、表 5-3 所示。

表 5-2 细砂岩三轴试验数据

σ_3/MPa	σ_{1p}/MPa	σ_{1r}/MPa	ε_p/%	ε_r/%
0.6	92	39	0.26	0.40

表 5-2(续)

σ_3/MPa	σ_{1p}/MPa	σ_{1r}/MPa	ε_p/%	ε_r/%
1.5	105	47	0.31	0.50
5	125	59	0.36	0.60
10	151	82	0.38	0.64
20	175	90	0.42	0.67
30	232	101	0.47	0.68

表 5-3　泥岩三轴试验数据

σ_3/MPa	σ_{1p}/MPa	σ_{1r}/MPa	ε_p/%	ε_r/%
0.6	81	31	0.29	0.41
1.5	93	39	0.37	0.53
5	109	46	0.39	0.66
10	127	63	0.40	0.67
20	151	79	0.43	0.69
30	193	99	0.45	0.71

根据三轴数据进行线形拟合可知，细砂岩的黏聚力 $c=15.33$ MPa、$\varphi_p=35.26°$、$\varphi_r=21.3°$；泥岩的黏聚力 $c=8.94$ MPa、$\varphi_p=31.23°$、$\varphi_r=18.23°$。

以细砂岩为例，根据 Mohr-Coulomb 强度准则，将上述数值代入式(5-13)计算可得出残余强度与围压的关系，进而可以得到细砂岩弹脆性转折点所对应的围压大小，以及内摩擦角与应变之间的关系。

将所得内摩擦角与应变的关系式代入式(5-22)可得出不同围压峰后模量的表达式，进而绘出不同围压下模拟得到细砂岩的全应力-应变曲线与三轴试验实测应力-应变曲线的对比图(见图 5-14)。图中，不同曲线表示不同围压所对应的应力-应变曲线。

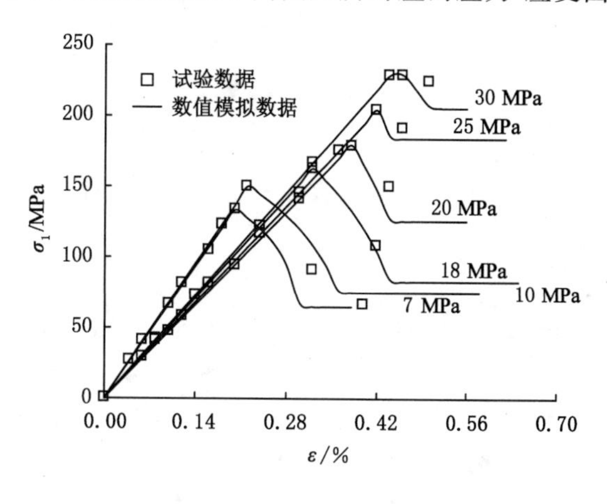

图 5-14　三轴压缩试验与数值模拟数据对比

由图 5-14 可以看出，在岩石应力到达应力-应变曲线峰值之前，拟合曲线与试验曲线峰值应力点的割线相吻合，这符合前面将峰前岩石模量简化为常数的假设；当岩石达到峰值强度以后，不同围压下的模拟曲线变化趋势与试验曲线基本一致，模拟曲线与试验曲线吻合较好，这表明本书建立的峰后岩石应力-应变曲线拟合模型可以较好地描述围压对岩石峰后行为的影响。

第六章　基于围岩峰后应变软化模型的西翼轨道大巷数值模拟研究

第一节　数值模拟软件 FLAC3D 介绍

一、FLAC3D 软件概述

FLAC3D 是近年来逐步成熟完善起来的一种新型数值分析计算软件，该软件是由美国 ITASCA 咨询集团于 1986 年研制推出的一种显式有限差分程序。该程序可用于模拟三维土体、岩体或其他材料体力学特性，尤其是达到屈服极限时的塑性流变特征，广泛用于矿山工程、地下硐室、支护设计及评价、边坡稳定性评价等多个领域。软件内设有多种模型，另外，程序还设有接触面单元，可以模拟断层、节理和摩擦边界的滑动、张开和闭合行为。FLAC3D 采用显式算法来获得模型全部运动方程的时间步长解，从而可以追踪材料的渐进破坏和垮落，对采矿过程中采场围岩活动规律及其稳定性问题，以及岩体力学特性、围岩应力及工作面推进与采场应力场的时空关系等复杂力学问题特别适用。同时，程序还允许输入多种材料类型，亦可在计算过程中改变局部的材料参数，增强了程序使用的灵活性[61-64]。

二、FLAC3D 软件分析问题过程

要建立一个可以用 FLAC3D 来模拟计算的模型，必须要做以下三步工作：

① 建立模型的有限差分网格；

② 定义本构模型和材料参数赋值；

③ 定义边界条件，初始条件。

由网格来定义所要模拟的几何空间；由本构模型和材料参数来限定模型对于外界扰动做出的变化规律（比如开挖引起的围岩变形）；由边界条件和初始条件来定义模型的初始状态（比如说模型在发生变化或扰动前的稳定状态）。

做好了以上三步工作，就可以进行模型初始平衡状态的计算了。接着对模型做一些变动（比如：开挖或者改变边界条件），然后再对改动后的模型进行平衡计算。FLAC3D 为采用显式解法的软件，它的实际求解过程不同于常规的隐式解法。FLAC3D 是采用显式时间步推的方法来求解代数方程组的，通过一些时间步的计算，才会得到所要的计算结果。完成计算所需要的时间步可以由软件自动控制，也可以人为地指定计算步数。但最后，还是需要用户自己来判断进行了这些时间步的计算，模拟的问题是否已经得到了最终所要的解。

第二节　数值计算模型建立

本书基于围岩峰后岩石力学性质，采用应变软化模型对西翼轨道大巷的支护方案进行

数值模拟研究。在模型开始加载前,每个单元的模量和内摩擦角均相等。开始加载后,随着单元应力、应变的增加,单元破坏状态也不断地改变。计算模拟至第 i 步,则可根据判别准则判断此时每个单元的破坏状态,即是否进入峰后区域。图 6-1 为峰后应变软化模型数值模拟分析流程图。

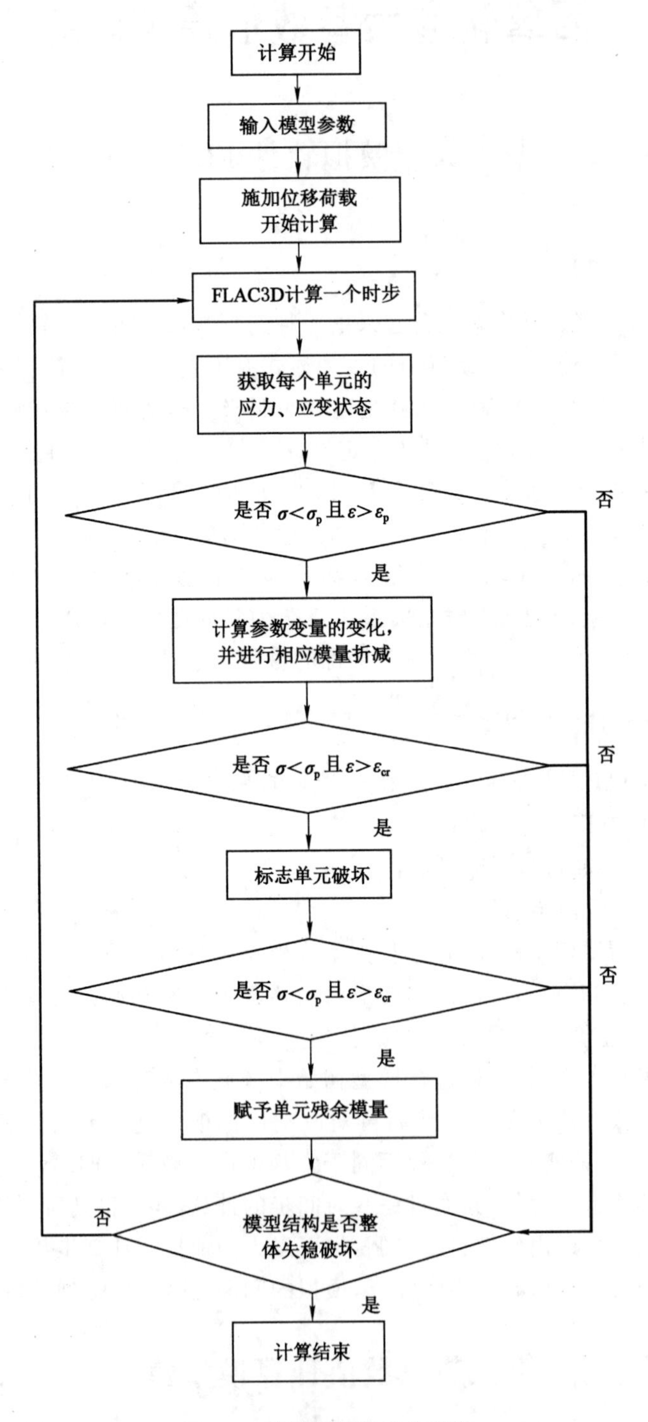

图 6-1 数值模拟计算流程图

一、顶、底板岩层特征

利用FLAC3D数值软件，根据彭庄煤矿西翼轨道大巷工程概况，取典型地质断面和实际地应力进行建模计算，分析巷道开挖后围岩表面位移变形量及塑性区分布情况。表6-1为西翼轨道大巷顶、底板岩层特征。

表6-1　西翼轨道大巷顶、底板岩层特征

顶、底板情况	岩石名称	厚度/m	岩性特征
基本顶	粉砂岩	6.77	深灰色，断口平坦，水平～缓波状层理，含菱铁矿结核，裂隙稍发育，方解石、黄铁矿充填。上部呈粉、细砂岩互层，含丰富的植物化石，夹镜煤条带，$f>5.5$
直接顶	细砂岩	5.76	灰白色，成分以石英、长石为主，含少量暗色矿物，夹丝炭条带，含泥质包体，裂隙不发育，局部下部为薄层粉砂质页岩，$f>5.5$
巷道	细砂岩	4.1	与直接顶细砂岩参数相同
直接底	粉砂岩	10.68	深灰色，断口平坦，水平～缓波状层理，含菱铁矿结核，裂隙发育，方解石、黄铁矿充填。含植物化石，$f>5.5$
基本底	泥岩	11.07	浅灰色，质纯，断口平坦～参差状，裂隙发育，方解石充填，$f=2.5\sim5.55$

二、计算模型建立

以彭庄煤矿西翼轨道大巷实际开挖断面及支护设计为依据，建立数值计算模型。模型尺寸为宽×高×厚＝40 m×27 m×4 m，模型共划分13 120个六面体单元，开挖区域的网格划分适当加密，在非开挖区域的单元适当放大2～3倍。建立的模型地层分组及边界条件如图6-2所示。模型上部边界施加的荷载按采深500 m计算，底部边界垂直方向固定，左右边界水平方向固定，地应力根据实测地应力进行施加，竖向地应力为15.5 MPa，X向水平地应力为20.3 MPa，Y向水平地应力为10.7 MPa，模型上部施加经应力补偿得到的竖向均布面荷载，补偿值为15.1 MPa。

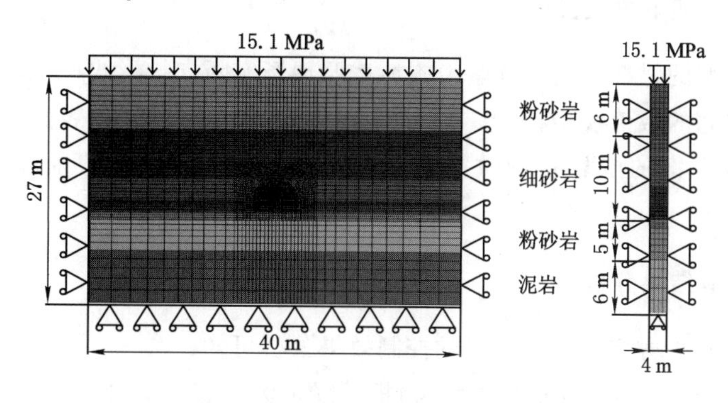

图6-2　三维模型地层分组及边界条件

数值模型在初始地应力平衡之后，进行巷道开挖，巷道尺寸为宽×高＝4 800 mm×

4 100 mm，直墙净高 1 700 mm，圆拱半径为 2 400 mm，开挖过程采用空单元(Null 单元)一次完成。

三、岩石力学参数选取

采用应变软化本构模型进行计算，各地层岩石力学参数如表 5-1 所示。

四、模拟方案的确定

① 首先对原支护条件下的巷道围岩表面位移量及塑性区大小进行模拟，分析原支护条件下的巷道围岩控制效果；

② 设计优化支护方案，对改进后的支护方案进行模拟分析，分析锚杆、锚索不同预紧力及不同锚杆长度情况下的巷道围岩控制效果。

第三节　原支护方案数值模拟

一、原支护方案设计

西翼－500 m 水平轨道大巷设计断面为半圆拱形，锚网喷联合支护。西翼－500 m 水平轨道大巷断面情况如下：净宽 4 800 mm，净高 4 100 mm，墙净高 1 700 mm，荒宽 5 100 mm，荒高 4 450 mm，墙荒高 1 900 mm，喷射混凝土厚度为 150 mm，$S_{掘}=19.9\ m^2$，$S_{净}=17.2\ m^2$。

巷道全断面采用锚网喷支护形式，锚杆采用等强度全螺纹钢锚杆，锚杆型号为 ϕ20 mm×2 200 mm，每排 15 根锚杆，拱部 9 根，拱部每根锚杆均用 1 块 MSK2370 型树脂锚固剂固定，两帮各 3 根，每根锚杆均用 1 块 MSK2870 型树脂锚固剂固定，锚杆间排距为 800 mm×1 000 mm。喷射混凝土厚度为 150 mm。锚杆预紧力不小于 250 N·m，现场监测结果表明预紧力为 20 kN 左右。巷道支护断面图如图 6-3 所示。

二、原支护条件下数值模拟结果

数值计算模型的锚杆布置及预紧力施加按照现场实际支护形式进行。

根据上文建立的数值模型，对原支护方案进行模拟，分别从巷道表面位移量及围岩塑性区体积方面对该方案的围岩控制效果进行分析。图 6-4 为原支护条件下巷道围岩控制效果。

三、数值模拟结果分析

通过模拟原支护方案对巷道围岩的控制效果分析可知：

① 巷道顶、底板及两帮变形量较大，顶板沉降量为 84.7 mm，底鼓量达到 188.1 mm，两帮移近量为 165.9 mm；

② 巷道围岩塑性区体积达到 177.5 m^3，塑性区范围超过了锚杆支护长度，使锚杆无法锚固在稳定岩层中，削弱了锚杆支护效果，造成围岩变形量较大。

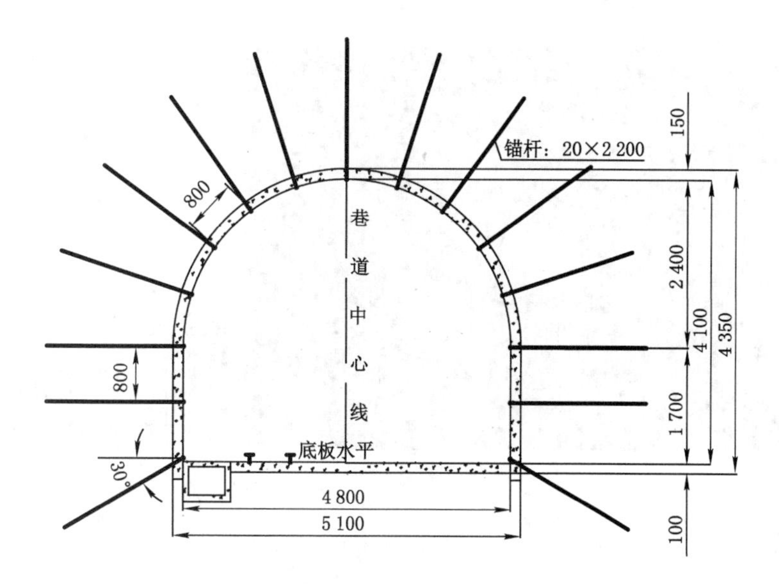

图 6-3　原支护方案巷道支护断面图

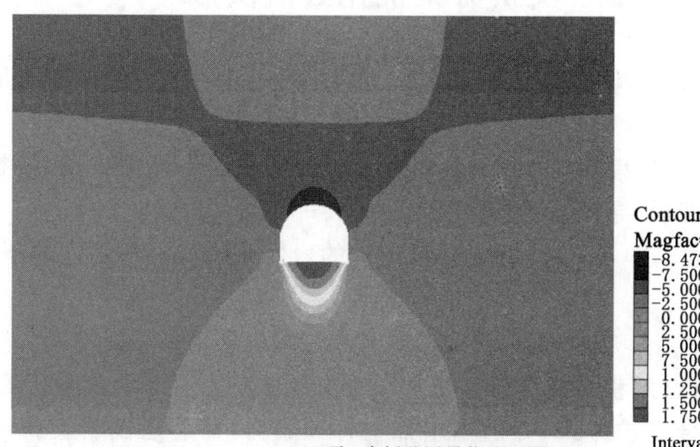
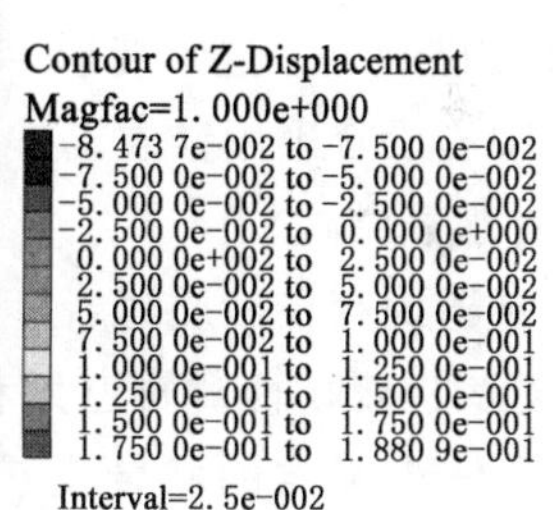

（a）顶、底板移近量位移云图

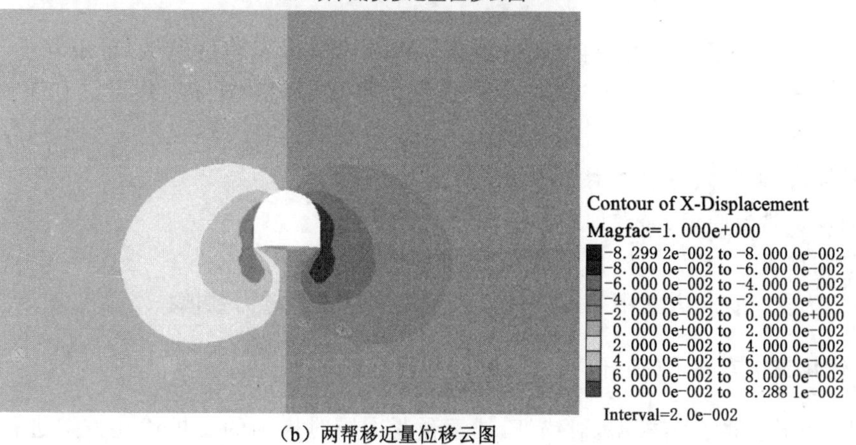

（b）两帮移近量位移云图

图 6-4　原支护方案巷道围岩控制效果

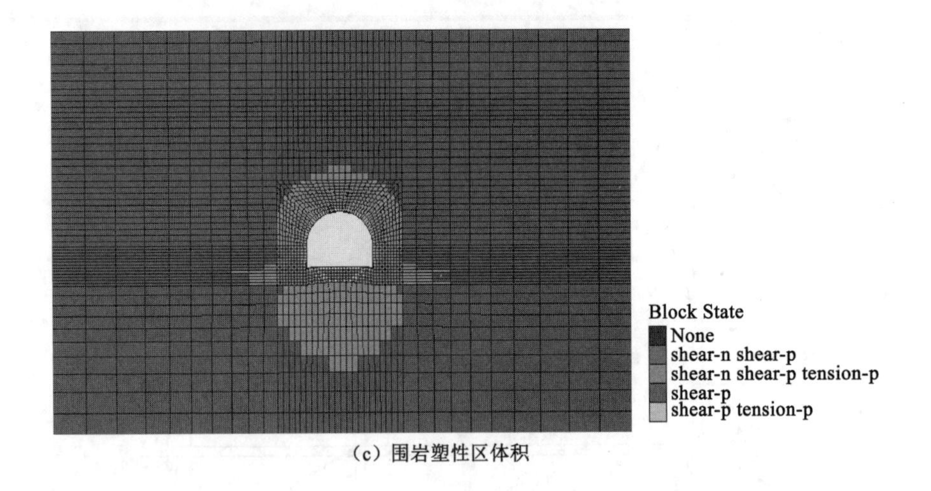

(c) 围岩塑性区体积

图 6-4(续)

第四节　支护方案优化数值模拟

由数值模拟和现场实测分析可知，彭庄煤矿原支护方案不能有效控制围岩变形的原因主要有以下几点：

① 锚杆预紧力施加较小，巷道在开挖初期不能有效控制围岩的裂隙扩展、新裂纹的产生、贯通及破裂等非连续变形，导致巷道围岩变形量较大；

② 围岩没有采用锚索支护，导致锚杆支护范围内的岩体无法与深部稳定岩层固结，形成围岩自承载结构；

③ 巷道内存在砂质泥岩等软弱岩层，导致巷道开挖后围岩松动破坏范围大。

在对彭庄煤矿西翼轨道大巷围岩变形量较大，支护体系失效严重等原因分析的基础上，拟采用锚杆＋锚索的联合支护方式，并适当增加锚杆预紧力，对巷道围岩支护方案进行优化。

为验证锚杆、锚索预紧力的合理取值，基于岩石峰后应变软化模型，采用岩土工程三维有限差分数值模拟软件 FLAC3D 对支护优化方案进行模拟分析，共设计如下三种模拟方案：

① 锚杆、锚索预紧力同时增加的支护方案；

② 锚杆预紧力固定、锚索预紧力增加的支护方案；

③ 锚索预紧力固定、锚杆预紧力增加的支护方案。

表 6-2 为支护优化方案中对应的锚杆预紧力和锚索预紧力数值。

一、优化支护方案Ⅰ(锚杆、锚索预紧力同时增加)

根据上文建立的数值模型，对锚杆、锚索预紧力同时增加的支护优化方案进行模拟，分别从巷道表面位移量及围岩塑性区体积两个方面对该方案的围岩控制效果进行对比分析。表 6-3 为锚杆、锚索预紧力同时增加时的数值模拟结果。

表 6-2　支护优化方案

		锚索预紧力/kN													
锚杆预紧力/kN		40	60	80	100	120	140	160	180	200	220	240	260	280	300
	20	√													
	30		√												
	40			√											
	50				√										
	60					√				√					
	70						√			√					
	80							√		√					
	90	√		√		√		√	√	√		√		√	√
	100									√					
	110									√	√				
	120									√		√			
	130												√		
	140													√	

表 6-3　优化支护方案Ⅰ的数值模拟结果

方案编号	方案名称	巷道表面位移量/mm			塑性区体积/m³
		顶板沉降	底鼓	巷帮内移	
1	锚杆 20 kN、锚索 40 kN	57.8	183.7	76.0	155.3
2	锚杆 30 kN、锚索 60 kN	57.7	184.1	75.9	154.6
3	锚杆 40 kN、锚索 80 kN	57.6	183.1	75.8	154.8
4	锚杆 50 kN、锚索 100 kN	57.5	182.3	75.6	152.6
5	锚杆 60 kN、锚索 120 kN	57.5	182.2	75.6	152.7
6	锚杆 70 kN、锚索 140 kN	57.5	182.4	75.6	152.9
7	锚杆 80 kN、锚索 160 kN	57.4	182.0	75.5	152.5
8	锚杆 90 kN、锚索 180 kN	57.3	181.8	75.5	152.6
9	锚杆 100 kN、锚索 200 kN	57.4	183.1	75.8	153.5
10	锚杆 110 kN、锚索 220 kN	57.3	182.3	75.6	152.3
11	锚杆 120 kN、锚索 240 kN	57.3	182.8	75.5	152.2
12	锚杆 130 kN、锚索 260 kN	57.3	182.2	75.5	152.2
13	锚杆 140 kN、锚索 280 kN	57.2	182.3	75.5	152.7

该优化方案对锚杆、锚索预紧力同时增加的 13 种组合形式的围岩控制效果进行了模拟

分析，鉴于篇幅限制，本书仅列出其中1种组合形式，图6-5为锚杆预紧力为90 kN、锚索预紧力为180 kN时的巷道表面位移量模拟云图及塑性区体积。图6-6为优化方案Ⅰ的巷道围岩变形及塑性区体积监测曲线。

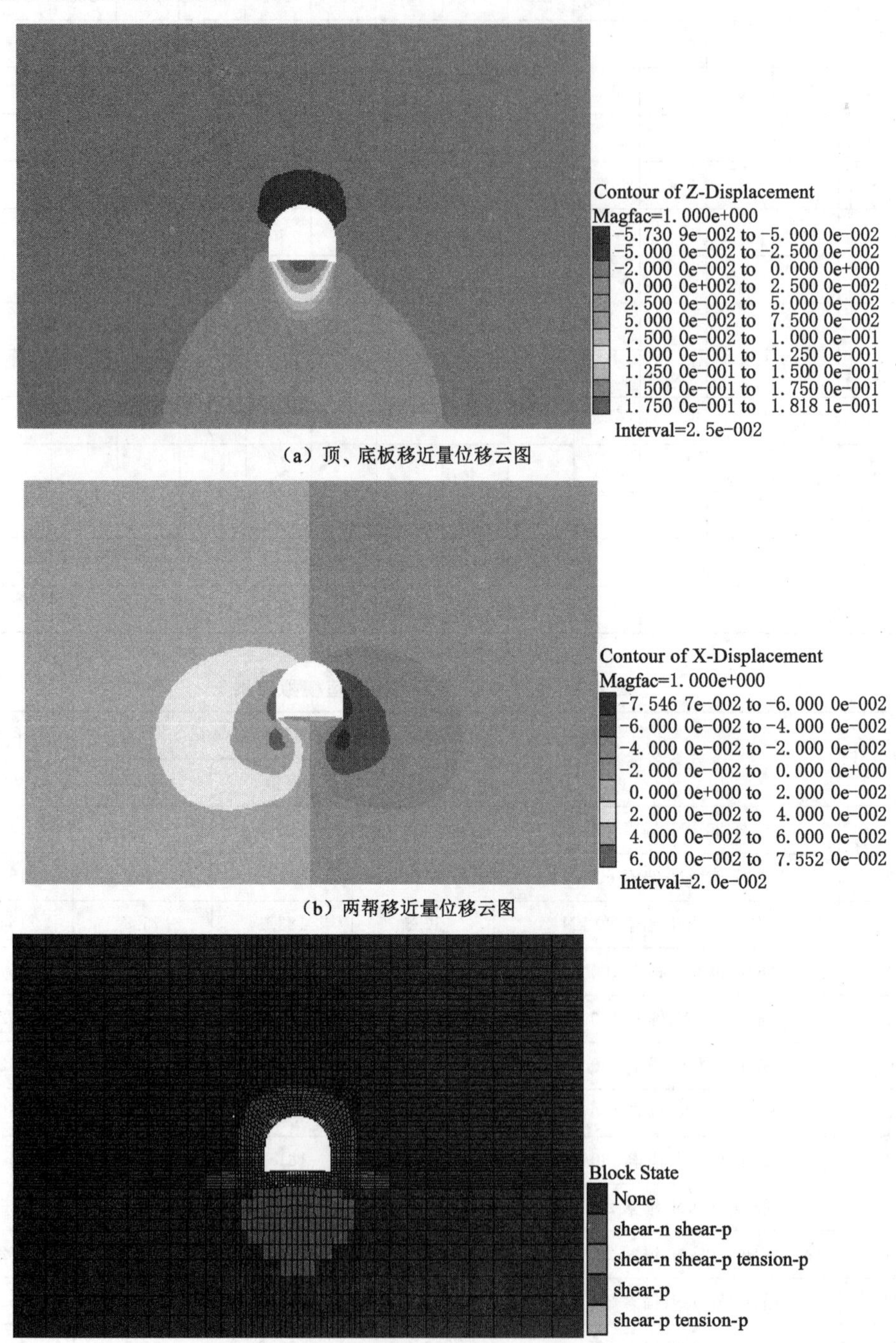

(a) 顶、底板移近量位移云图

(b) 两帮移近量位移云图

(c) 围岩塑性区体积

图6-5　锚杆预紧力为90 kN、锚索预紧力为180 kN时的围岩控制效果模拟结果

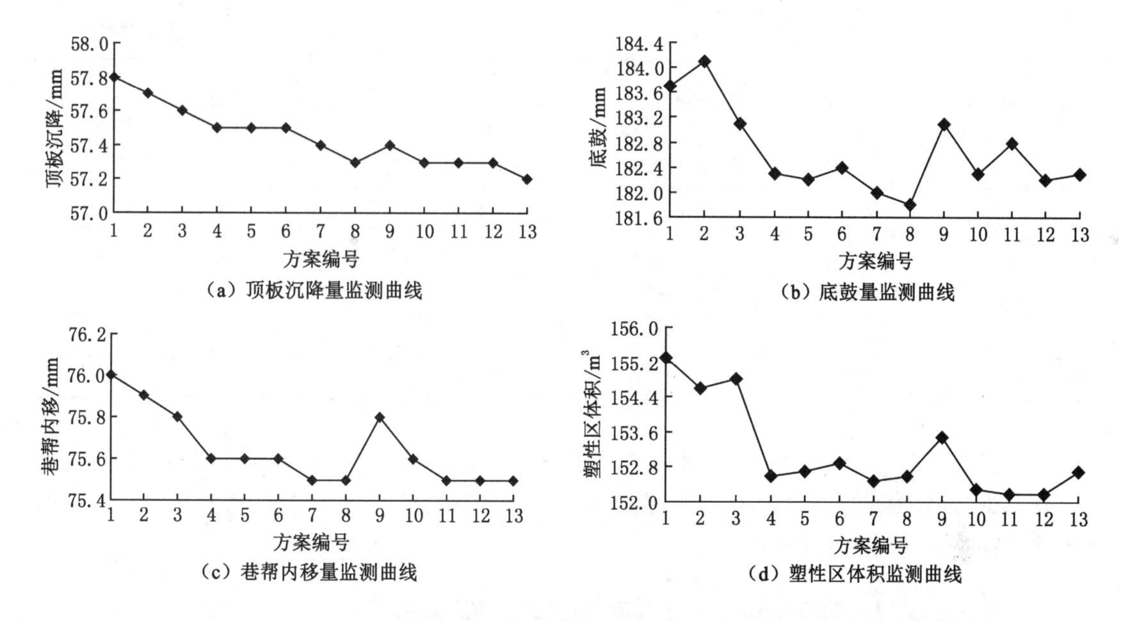

图 6-6　优化支护方案Ⅰ的巷道围岩变形及塑性区体积监测曲线

通过对锚杆、锚索预紧力同时增加时的优化支护方案进行模拟可以得到如下结论：

① 与原支护方案相比，采用锚杆＋锚索联合支护方案后，巷道围岩控制效果明显得到改善，说明锚索能够穿过浅部松动破坏岩体而锚固在坚硬岩层中，着力基础可靠，能充分调动深部围岩的承载能力，起到加固浅部围岩、约束围岩膨胀变形的目的。

② 巷道围岩变形主要体现在底鼓上，两帮次之，顶板变形量较小。

③ 锚杆预紧力在 20～90 kN 范围内，巷道表面位移及塑性区体积呈现出逐渐减小的趋势，且变形的减小速率逐渐降低；当锚杆预紧力大于 90 kN 后，巷道表面位移及塑性区体积又呈现出先增加后减小的趋势，且与锚杆预紧力为 90 kN 时围岩控制效果大致相同。

④ 分析表明，锚杆、锚索预紧力并不是越大越好，而是有个合理值，过大的预紧力会使锚杆、锚索的轴力超过屈服极限，而没有缓冲空间，导致锚杆、锚索破坏。根据数值模拟结果，初步选定锚杆、锚索的预紧力合理值为 90 kN 和 180 kN。

二、优化支护方案Ⅱ(锚杆预紧力固定、锚索预紧力增加)

在前期研究的基础上，将锚杆的预紧力固定为 90 kN，对锚索不同预紧力的围岩控制效果进行模拟，分别从巷道表面位移量、围岩塑性区体积两个方面对该方案的围岩控制效果进行对比分析。表 6-4 为锚杆预紧力固定为 90 kN、锚索预紧力增加时的数值模拟结果。

表 6-4　优化支护方案Ⅱ的数值模拟结果

方案编号	方案名称	巷道表面位移量/mm			塑性区体积/m^3
		顶板沉降	底鼓	巷帮内移	
14	锚索 40 kN	57.59	182.00	75.54	155.3
15	锚索 80 kN	57.50	181.92	75.51	154.6
16	锚索 120 kN	57.42	182.32	75.60	154.8

表 6-4(续)

方案编号	方案名称	巷道表面位移量/mm			塑性区体积/m³
		顶板沉降	底鼓	巷帮内移	
17	锚索 160 kN	57.37	181.78	75.57	152.6
18	锚索 180 kN	57.31	181.81	75.47	152.6
19	锚索 200 kN	57.36	181.60	75.41	152.7
20	锚索 240 kN	57.39	182.17	75.50	152.9
21	锚索 280 kN	57.18	181.59	75.45	152.9
22	锚索 300 kN	57.15	181.65	75.56	152.9

鉴于篇幅限制，本书仅列出其中 1 种组合形式，图 6-7 为锚杆预紧力为 90 kN、锚索预紧力为 200 kN 时的巷道表面位移量模拟云图及塑性区体积。图 6-8 为优化支护方案Ⅱ的巷道围岩变形及塑性区体积监测曲线。

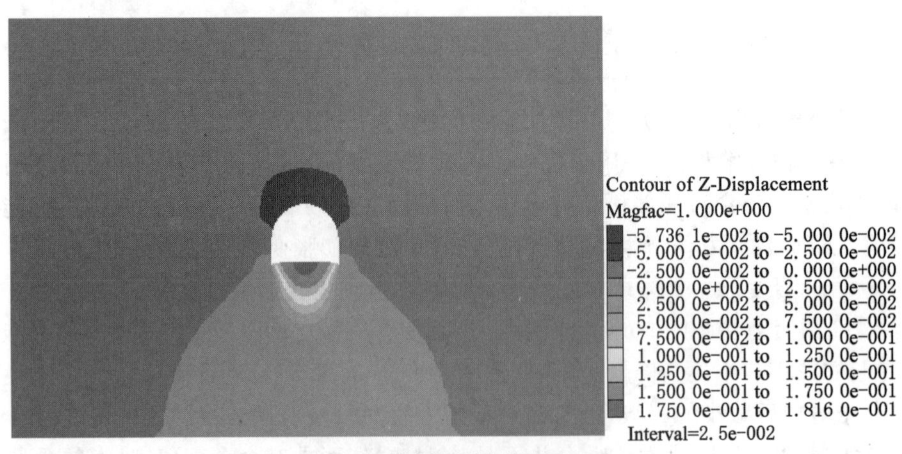

(a) 顶、底板移近量位移云图

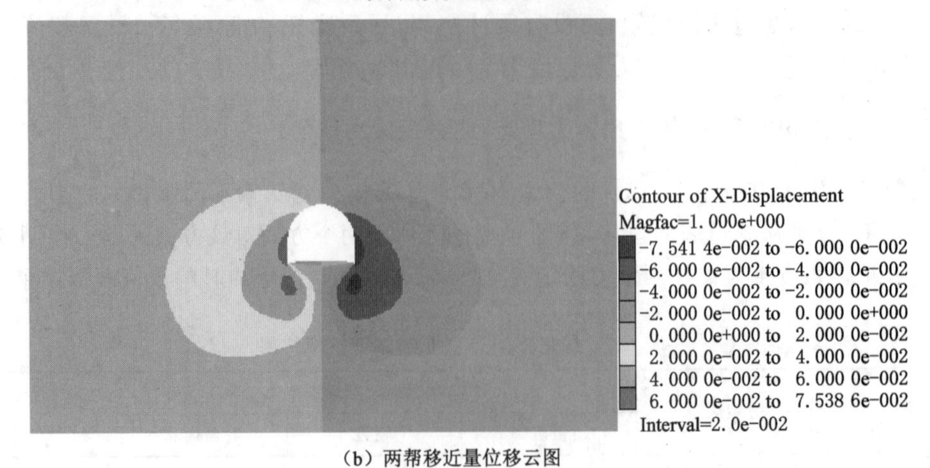

(b) 两帮移近量位移云图

图 6-7　锚杆预紧力为 90 kN、锚索预紧力为 200 kN 时的围岩控制效果模拟结果

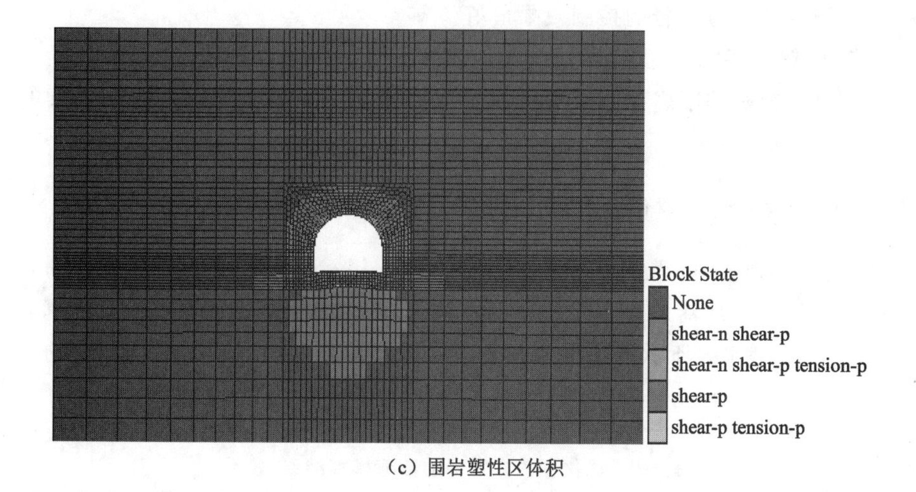

（c）围岩塑性区体积

图 6-7(续)

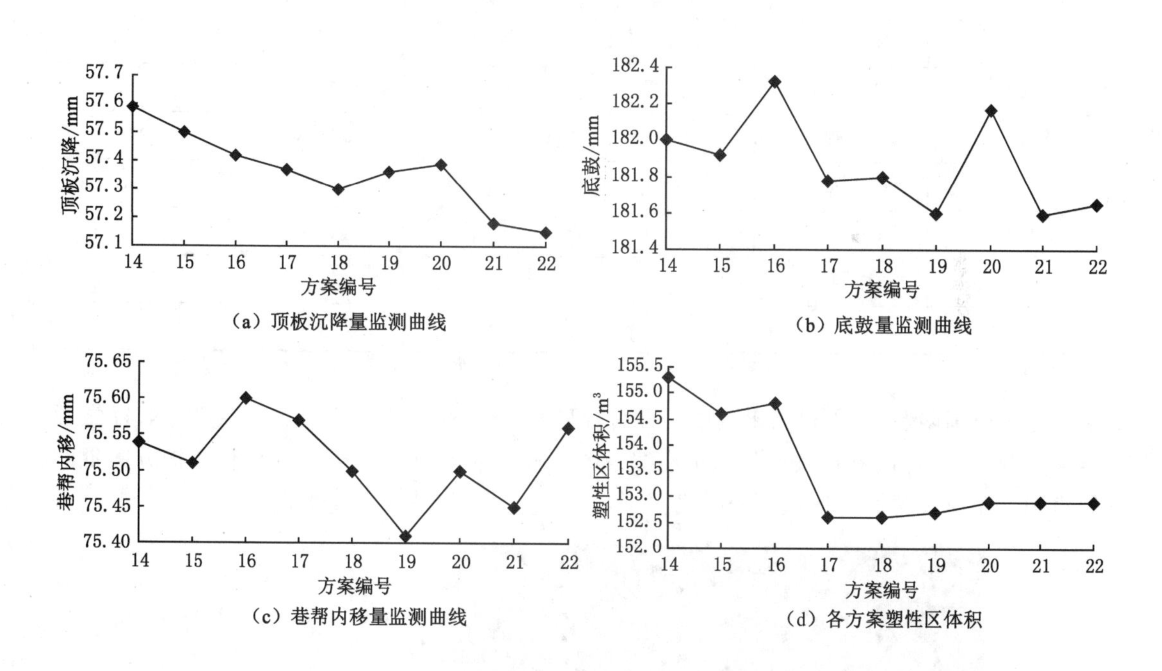

（a）顶板沉降量监测曲线
（b）底鼓量监测曲线
（c）巷帮内移量监测曲线
（d）各方案塑性区体积

图 6-8　优化支护方案Ⅱ的巷道围岩变形及塑性区体积监测曲线

通过对锚杆预紧力固定、锚索预紧力增加时的优化支护方案进行模拟，可以得到如下结论：

① 巷道围岩变形主要体现在底鼓上，两帮次之，顶板变形量较小，与前述方案的变化规律一致。

② 随着锚索预紧力增加，围岩表面变形量和塑性区体积逐渐降低，当锚索预紧力达到 200 kN 后，随着预紧力的增加，降低趋势明显减小。巷道底鼓及巷帮内移在锚索预紧力达到 200 kN 后有上升趋势，说明在锚杆预紧力一定时，锚索预紧力有一个合理的范围，即二

者达到耦合协调时，对巷道围岩的控制效果最好。

③ 分析表明，锚杆、锚索预紧力并不是越大越好，而是有个合理值，二者的预紧力需要合理协调，才能取得较好的围岩控制效果。根据数值模拟结果，初步选定锚杆、锚索的预紧力合理值为 90 kN 和 200 kN。

三、优化支护方案Ⅲ(锚索预紧力固定、锚杆预紧力增加)

在前期研究的基础上，将锚索的预紧力固定为 200 kN，对锚杆不同预紧力的围岩控制效果进行模拟分析，分别从巷道表面位移量、围岩塑性区体积两个方面对该方案的围岩控制效果进行对比分析。表 6-5 所示为锚索预紧力固定为 200 kN、锚杆预紧力增加时的数值模拟结果。

表 6-5　优化支护方案Ⅲ的数值模拟结果

方案编号	方案名称	巷道表面位移量/mm			塑性区体积/m^3
		顶板沉降	底鼓	巷帮内移	
23	锚杆 60 kN	57.42	181.9	75.6	152.8
24	锚杆 70 kN	57.44	182.7	75.7	153.3
25	锚杆 80 kN	57.41	182.2	75.6	152.7
26	锚杆 90 kN	57.36	181.6	75.4	152.2
27	锚杆 100 kN	57.41	183.1	75.8	153.5
28	锚杆 110 kN	57.41	182.8	75.7	152.7
29	锚杆 120 kN	57.35	182.3	75.6	152.6

鉴于篇幅限制，本书仅列出其中 1 种组合形式，图 6-9 为锚杆预紧力为 100 kN、锚索预紧力为 200 kN 时的巷道表面位移量模拟云图及塑性区体积。图 6-10 为优化支护方案Ⅲ的巷道围岩变形及塑性区体积监测曲线。

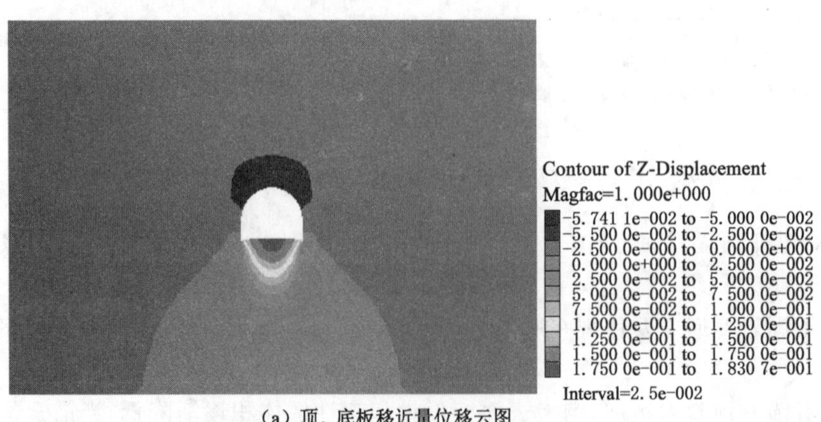

(a) 顶、底板移近量位移云图

图 6-9　锚杆预紧力为 100 kN、锚索预紧力为 200 kN 时的围岩控制效果模拟结果

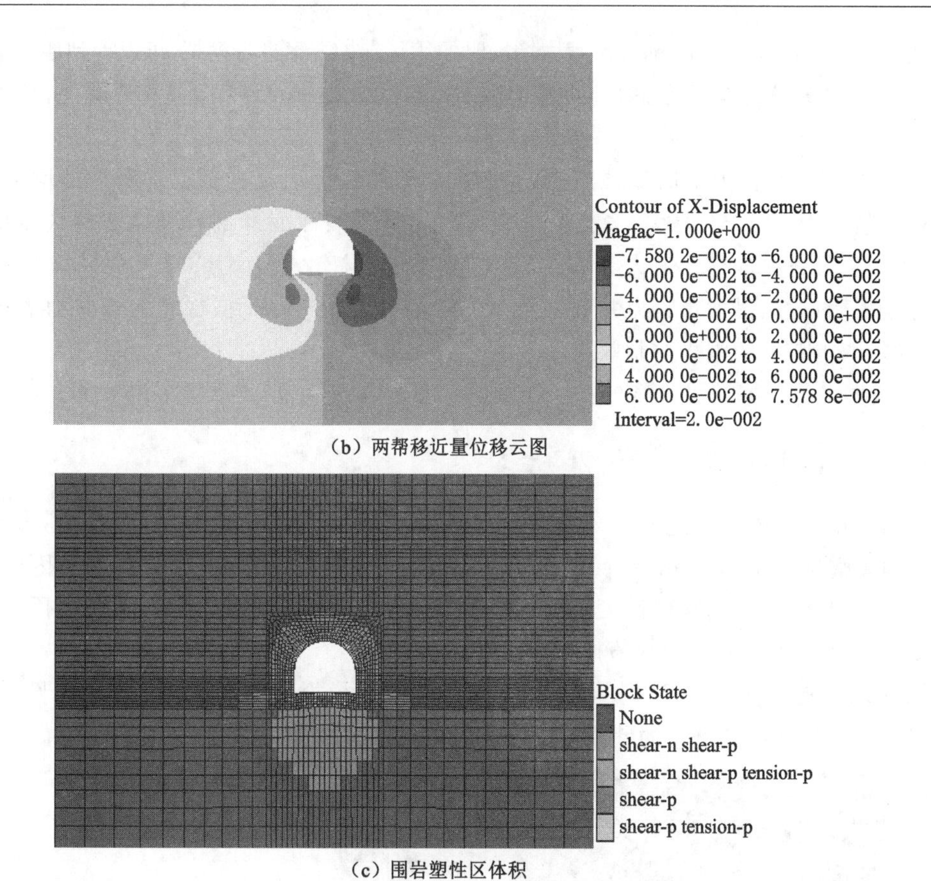

（b）两帮移近量位移云图

（c）围岩塑性区体积

图 6-9(续)

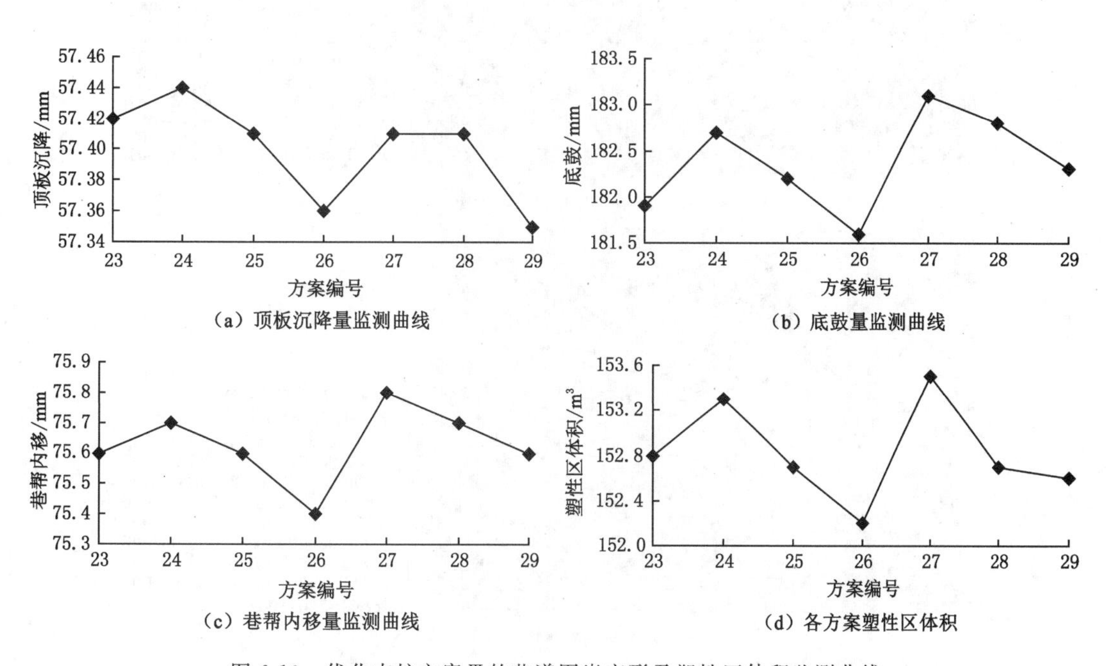

（a）顶板沉降量监测曲线

（b）底鼓量监测曲线

（c）巷帮内移量监测曲线

（d）各方案塑性区体积

图 6-10　优化支护方案Ⅲ的巷道围岩变形及塑性区体积监测曲线

通过对锚索预紧力固定、锚杆预紧力增加时的优化支护方案进行模拟，可以得到如下结论：

① 与前两种优化支护方案相同，巷道围岩变形主要体现在底鼓上，两帮次之，顶板变形量较小。

② 随着锚杆预紧力增加，围岩表面变形量和塑性区体积没有呈现出明显的增减趋势，当锚杆预紧力为 90 kN、锚索预紧力为 200 kN 时，巷道表面变形量和围岩塑性区体积均最小(除顶板变形量在锚杆预紧力为 120 kN 时略小于锚杆预紧力为 90 kN 时)，模拟结果更加充分地表明锚杆、锚索预紧力并不是越大越好，而是有个合理值，二者的预紧力需要合理协调，才能取得较好的围岩控制效果。

③ 根据数值模拟结果，确定锚杆、锚索的预紧力合理值为 90 kN 和 200 kN。

四、不同锚杆长度优化方案

通过对以上三种支护优化方案的模拟分析，最终确定了锚杆、锚索的合理预紧力分别为 90 kN 和 200 kN。研究表明，不同锚杆长度对围岩的控制效果也有明显的影响，因此，在前期研究的基础上，对不同锚杆长度对围岩的控制效果进行模拟分析。限于篇幅原因，本书仅列出锚杆长度为 2.2 m 时的数值模拟结果云图。

图 6-11 为锚杆长度为 2.2 m 时的巷道表面位移量模拟云图及塑性区体积。图 6-12 锚杆长度为不同优化支护方案的巷道围岩变形及塑性区体积监测曲线。

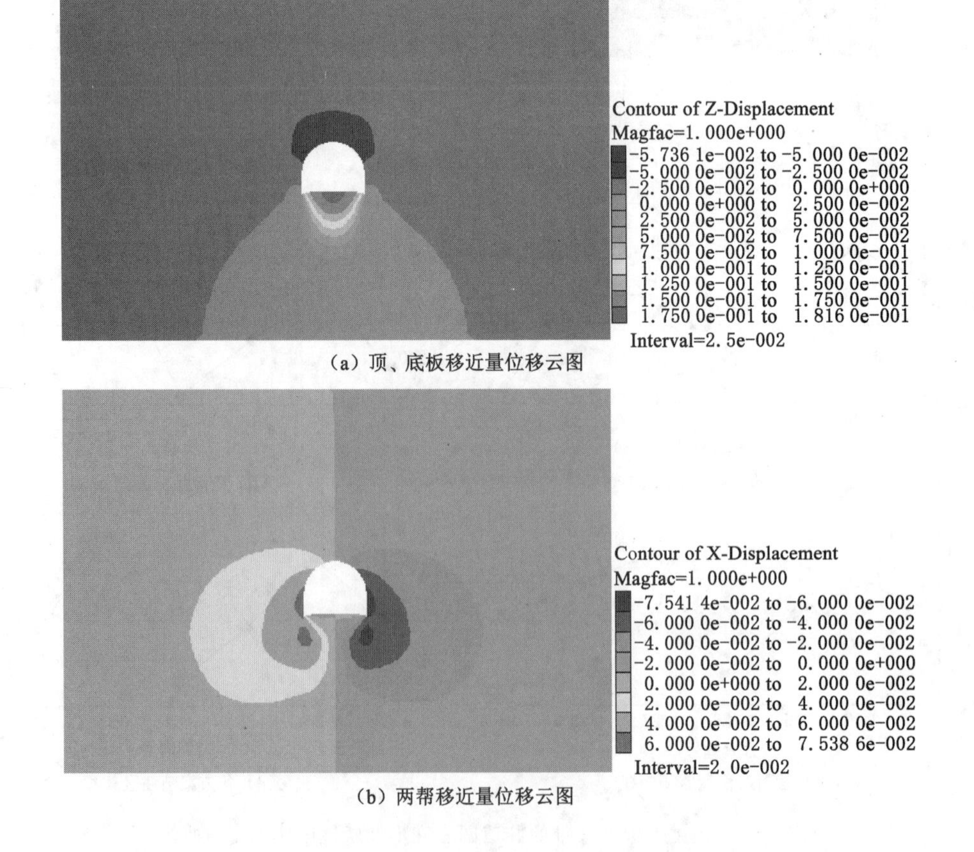

(a) 顶、底板移近量位移云图

(b) 两帮移近量位移云图

图 6-11　锚杆长度为 2.2 m 时的围岩控制效果模拟结果

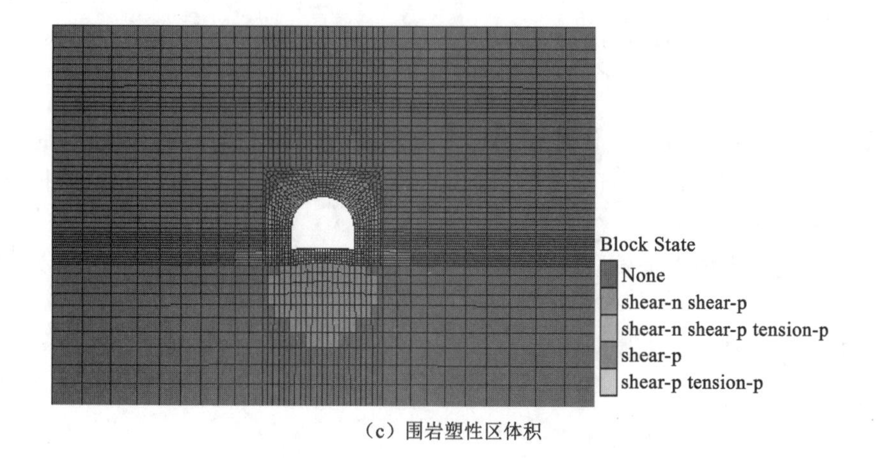

(c) 围岩塑性区体积

图 6-11(续)

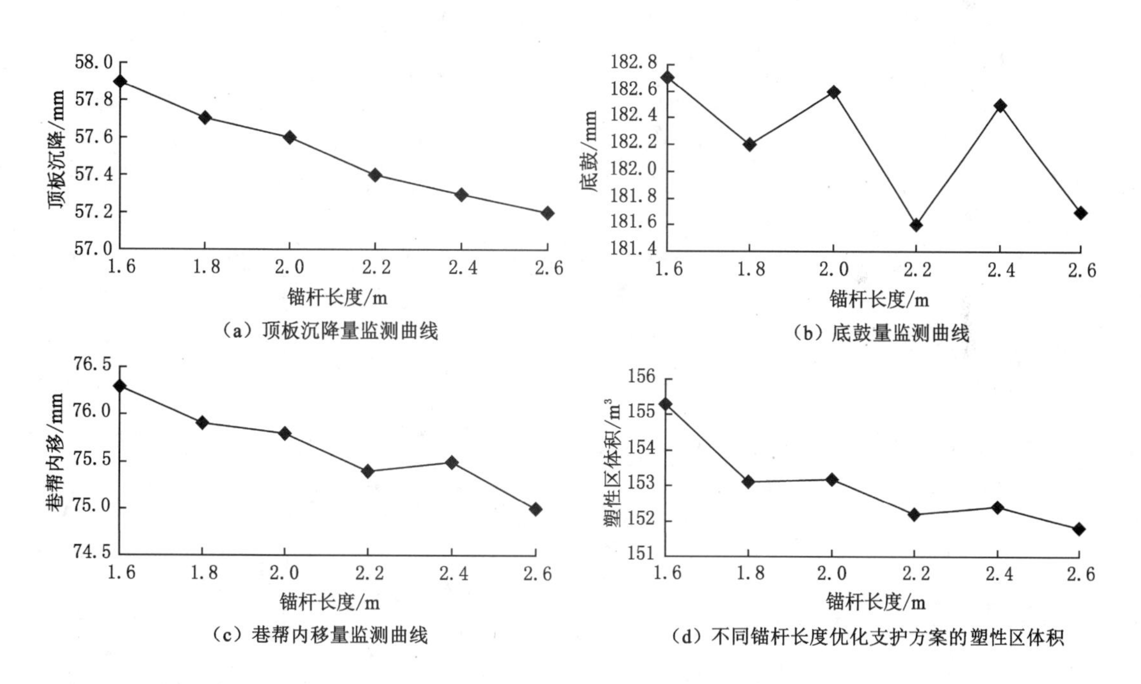

(a) 顶板沉降量监测曲线

(b) 底鼓量监测曲线

(c) 巷帮内移量监测曲线

(d) 不同锚杆长度优化支护方案的塑性区体积

图 6-12　不同锚杆长度优化支护方案的巷道围岩变形及塑性区体积监测曲线

通过对不同锚杆长度的围岩控制效果进行模拟分析,可以得到以下结论:

① 巷道围岩变形主要体现在底鼓上,两帮次之,顶板变形量较小。

② 随着锚杆长度的增加,顶板沉降呈现明显的降低趋势,底鼓没有明显的增减变化;而巷帮内移和塑性区体积均呈现先降低后增加的变化规律,在锚杆长度为 2.2 m 时出现拐点。

③ 当锚杆长度为 2.6 m 时巷道围岩控制效果最好,但锚杆过长不利于巷道施工,且经济性降低,考虑到现场施工和经济效益,确定锚杆的合理长度为 2.2 m。

第五节　数值模拟结果总结

根据原支护方案存在的问题，设计了锚杆＋锚索联合支护方案，基于围岩峰后力学参数，采用应变软化模型，通过对锚杆、锚索不同预紧力及不同锚杆长度进行数值模拟分析可以得到如下结论：

① 通过三种优化支护方案模拟结果，最终确定锚杆、锚索合理预紧力值分别为 90 kN 和 200 kN。

② 通过对不同锚杆的围岩控制效果分析，得到合理的锚杆长度为 2.2 m。

第七章　西翼轨道大巷现场试验研究

第一节　支护理念

一、耦合支护理念

耦合支护是指支护系统各支护部分都能充分发挥自身作用，并且各支护部分之间相互作用，相互增强的一种联合支护方式。耦合支护主要包括支护系统和围岩的耦合、支护系统中组合构件的耦合两层含义[65-69]。

（一）支护系统和围岩的耦合

支护系统和围岩的耦合主要指支护系统整体强度、刚度、变形能力等与围岩力学与变形性能之间的耦合。彭庄煤矿西翼轨道大巷在现有的支护条件下，巷道顶板沉降量大、破碎严重、离层明显，这正是由于现有支护系统并没有达到支护系统与围岩的耦合，才导致现场支护问题严重。

因此，支护系统中支护构件如锚杆（索）强度、刚度及延伸率等参数应当与围岩的受力变形特性耦合，才能避免支护与围岩的不协调变形，有效发挥围岩自承能力，达到控制巷道围岩变形的目的。

（二）支护系统中组合构件的耦合

支护系统中组合构件的耦合主要指各组合构件强度、刚度、延伸率等参数之间相互匹配，使支护系统各构件能够变形协调、共同承载。支护系统中各构件的耦合是支护系统与围岩耦合的前提，只有实现各构件之间的耦合，才不致出现因某构件的过早失效而导致整个支护系统破坏的现象，同时可避免某构件强度富余过剩、材料浪费。

彭庄煤矿西翼轨道大巷原支护方案，由于支护构件不耦合导致的巷道支护问题较为突出，如：

① 该区段的锚杆初始预紧力施加值较小，造成锚杆支护潜力不能充分发挥，表现为现场锚杆整体受力较小；

② 锚杆与锚索延伸率不匹配，造成现场锚索受力过大，而锚杆则受力较小，或存在个别锚索断裂现象。

因此，支护系统应尽量实现组合构件的耦合，充分发挥各自支护性能，提高支护系统对巷道围岩的控制效果，且达到经济合理的目的。

二、强力支护理念

强力支护的实质是大幅度提高支护系统的支护强度与刚度，保持围岩的完整性，提高煤岩体峰后强度，控制围岩变形，更加有效发挥围岩自承能力[70-73]。

彭庄煤矿西翼轨道大巷现有支护体系中，支护系统刚度小，支护强度不足，抗冲击性能差。问题主要表现在：

① 锚杆直径小、强度低，锚索延伸率低，且与钻孔匹配性差，经常出现拉断、滑动等失效现象。

② 锚杆、锚索施工过程中，预紧力设计值偏低且损失严重。

③ 混凝土喷层对围岩护表效果差，过早开裂严重。支护系统无法实现强力支护，支护阻力低，不能有效阻止围岩塑性软化、提高围岩残余强度，导致巷道围岩变形量大，破碎严重。

针对上述问题，研究提出的强力支护理念主要包括以下内容：提高锚杆、锚索强度、刚度及延伸率，增强其预紧力，以增大顶板围岩支护阻力；优化锚杆（索）布置方式，实现锚杆（索）长度匹配、强度匹配，以增强支护系统的整体强度，改善围压受压区分布状态，提高巷道围岩整体残余强度，充分发挥巷道围岩自承能力，有效控制巷道围岩变形。

第二节　新型支护材料引进

根据高强、耦合的支护理念，以及现场全螺纹锚杆支护所出现的预紧力施加困难且设计值偏低、锚杆支护潜力无法充分发挥等问题，引进了高强预应力左旋无纵筋螺纹钢上丝锚杆，并开展了室内力学实验，如图 7-1 所示。

图 7-1　锚杆杆体室内拉拔试验

通过开展锚杆杆体室内拉拔试验，可以得到新型高强左旋无纵筋螺纹钢上丝锚杆的杆体强度，如表 7-1 所示。

表 7-1　锚杆杆体室内拉拔试验结果

类型	屈服荷载/kN	极限荷载/kN	延伸率
原支护锚杆	105	180	26%
新型高强锚杆	157	230	21%

通过表 7-1 可以看出，与原支护锚杆相比，新型高强左旋无纵筋螺纹钢上丝锚杆杆体在

保证足够延伸率的前提下，屈服荷载增加了50%，极限荷载增加了28%，整体性能得到了很大提高，可满足现场高强度的支护要求。

此外，为检验新型高强锚杆托盘与螺帽的承载性能，还开展了托锚力检测试验，如图7-2所示。

图7-2　新型高强锚杆托锚力检测试验

通过试验可以看出，当新型高强锚杆杆体屈服时，托盘与螺母之间连接良好，托盘未发生大的变形破坏，锚杆尾部螺纹未发生明显变形，螺母可正常拆卸，可满足现场二次支护中锚杆预紧力的二次施加要求，不会发生因螺纹变形，而造成预紧力二次施加困难的情形。

第三节　支护及监测方案设计

一、支护方案

根据高强、耦合的支护理念，对西翼轨道大巷提出了“锚网索喷”支护方案。其支护参数如下：

（一）锚杆

① 全断面采用ϕ20 mm×2 400 mm高强预应力左旋无纵筋螺纹钢上丝锚杆；

② 锚杆间排距为800 mm×800 mm；

③ 托盘为球形，规格为长×宽×厚=150 mm×150 mm×8 mm，由高强板材冲制而成；

④ 每根锚杆锚固长度不小于1 m；

⑤ 锚杆抗拔力不小于250 kN，预紧力不低于70 kN，扭矩不小于700 N·m。

（二）锚索

① 锚索选用直径为17.8 mm的钢绞线，长度为6 m，外露长度为300 mm。

② 锚索每排3根，采用“五花”布置，锚索间排距为2 000 mm×1 600 mm。以巷道中心线为准顶板正中及左右两侧各布置1根。

③ 垂直巷道顶板轮廓线布置。

④ 采用3块MSK2870型树脂锚固剂锚固卷端头锚固。

⑤ 考虑到施工因素的限制，现场锚索预紧力施加值最低不小于98.066 5 kN。

图7-3为西翼轨道大巷断面、平面支护图。

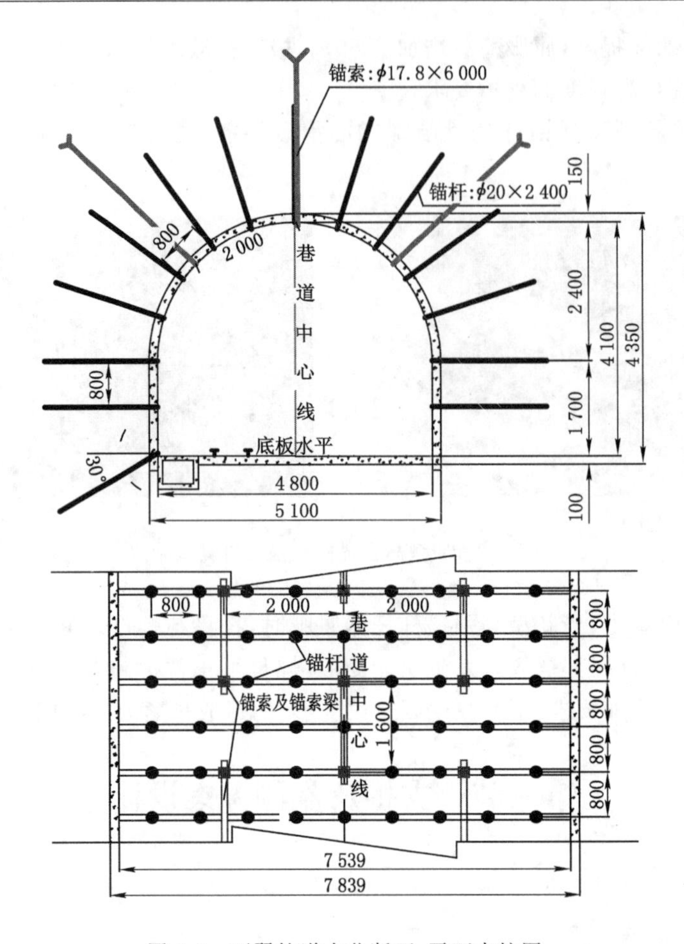

图 7-3　西翼轨道大巷断面、平面支护图

（三）金属网

① 采用 6# 钢筋焊接的经纬网，网格尺寸为 100 mm×100 mm，单片网格规为 1 000 mm×2 000 mm。

② 网片搭接 100 mm，并用双股 14# 铁丝拧紧，扣距为 300 mm。

（四）喷浆

锚网完毕后实施喷浆，厚度为 150 mm。爆破后，将拱部的危岩悬矸去掉，初喷 30～50 mm 厚的混凝土层。然后安装拱部锚杆，并挂上金属网。将矸石装完后，清挖两底脚至底板下 100 mm 以下，再锚网喷至设计厚度。

二、监测方案

共需布置 5 个监测断面，分别在高强锚杆试验段 10 m、20 m、30 m、40 m、50 m 处各布置 1 个。

各监测内容遵循以下原则：

① 锚杆监测点在巷道顶部正中及两肩窝处（底板上约 2 m）各布置 1 个。

② 锚索监测点分别在巷道顶板正中、左侧、右侧各布置 1 个。

③ 顶板离层仪设置在巷道顶部正中，测点深度分别为 2 m、4 m、6 m、8 m。

④ 巷道表面收敛测点分别在顶板正中、两帮肩窝、与底板正中设置 4 个监测点。

具体各项监测内容布置图，如图 7-4 所示。

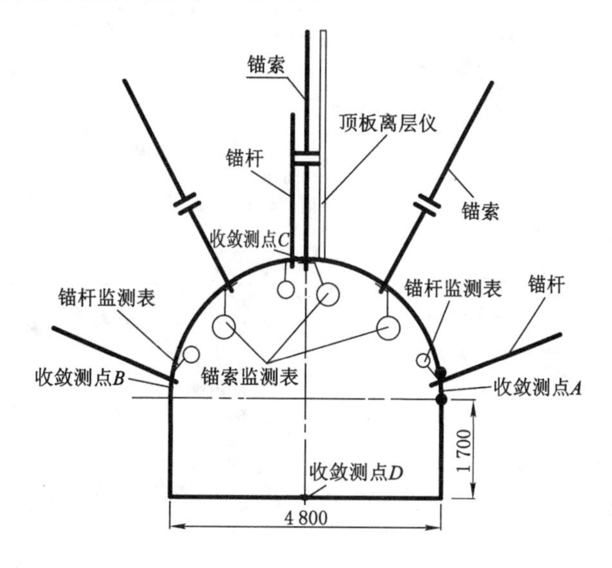

图 7-4　监测方案布置图

第四节　现场监测结果分析

一、锚杆(索)受力监测结果

图 7-5 列出了现场高强锚杆试验段内锚杆、锚索测力计的安装过程。

图 7-5　现场锚杆(索)测力计安装过程

根据现场监测结果，可以得到现场锚杆(索)的受力规律，图 7-6、图 7-7 列出了监测断面 1～3 的监测结果。

从锚杆(索)受力监测结果可以看出，巷道锚杆(索)受力基本上呈现出“顶板大、两帮小”

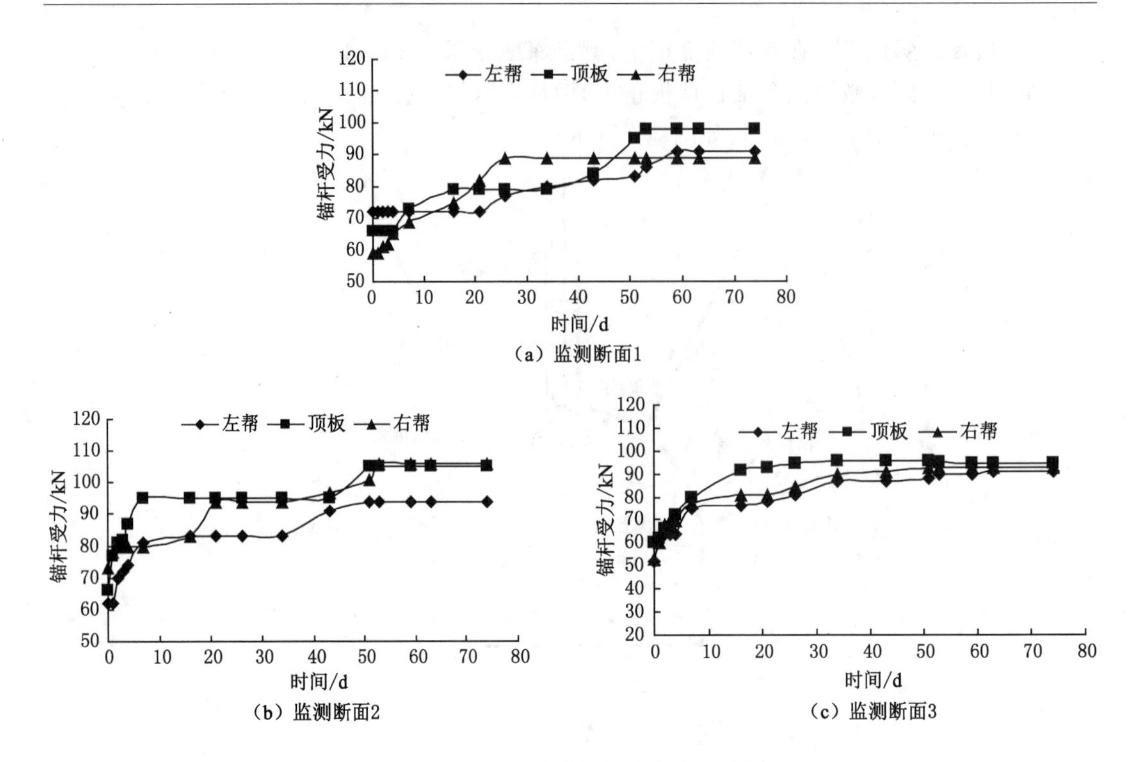

图 7-6 试验段巷道锚杆受力监测结果

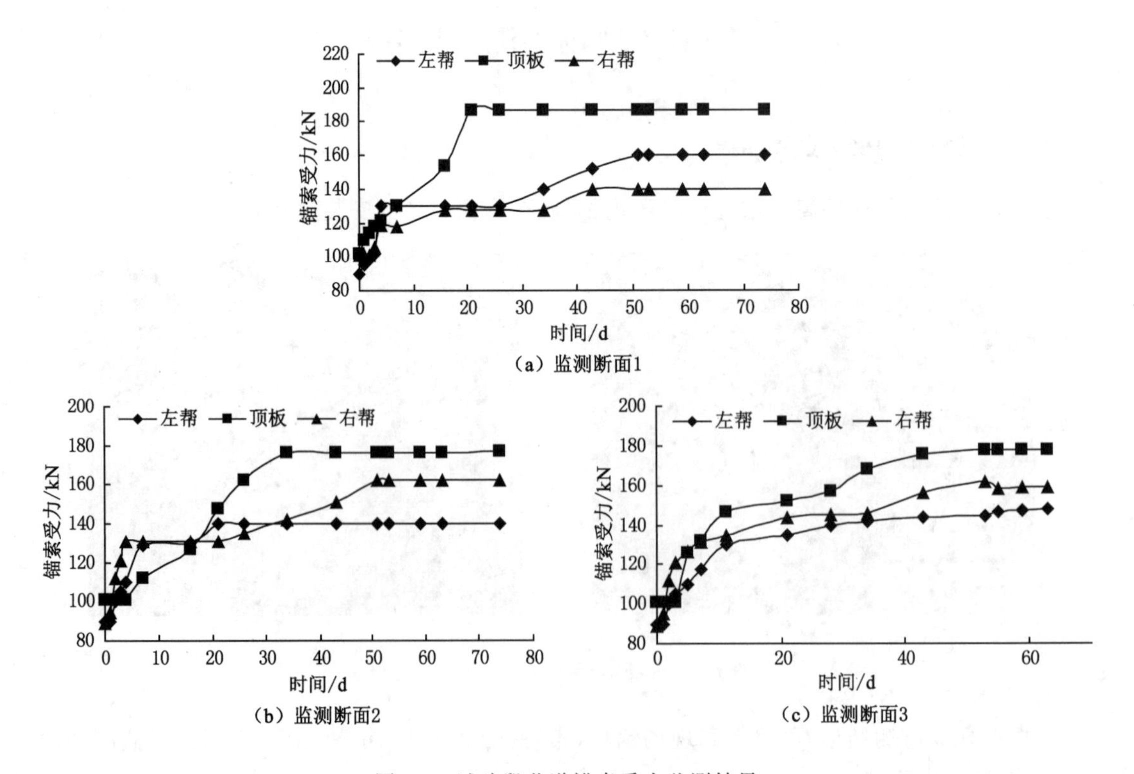

图 7-7 试验段巷道锚索受力监测结果

的特点，锚索初始预紧力一般在 78～98 kN 左右，最终趋于平衡时受力最大约为 183 kN，高强锚杆试验段内锚杆由于初始施加了较高预紧力，使其受力普遍较大，一般在 98 kN 左右，而原支护方案下全螺纹锚杆由于预紧力施加较为困难，预紧力值偏小，使锚杆受力普遍较小，对比分析可以说明，新型高强锚杆能够更好地发挥锚杆杆体的支护潜力，对围岩的约束效果最为理想。

二、巷道表面收敛监测结果

图 7-8 列出了现场巷道监测断面 1～3 的表面收敛监测结果。

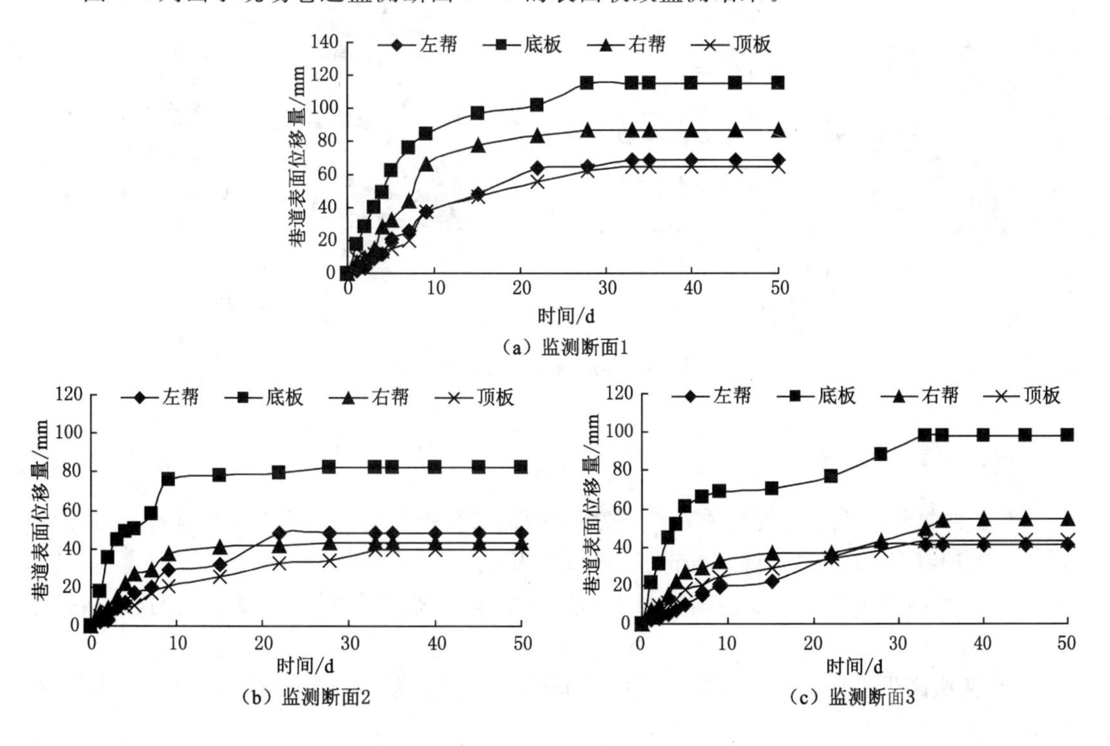

图 7-8　现场巷道表面收敛监测结果

根据现场巷道表面收敛监测结果可以看出，巷道的变形破坏主要以底鼓为主，底鼓量最大为 115 mm，而通过采用新型高强锚杆支护方案，能够有效控制巷道顶板与两帮的变形破坏，比如，试验段内巷道顶板下沉量最大值仅为 65 mm，而原支护方案下巷道顶板下沉量最大值为 120 mm，新型支护方案下顶板下沉量减少了将近 50%。

三、巷道内部位移监测结果

根据顶板离层仪的监测数据，可以绘制得到巷道围岩内部位移的变化规律，如图 7-9 所示。

通过对比分析可以得到，新型高强锚杆试验段内，与原支护方案相比，巷道内部位移值与离层量明显减小，以 6 m 基点为例，围岩内部位移值最大仅为 36 mm，新型高强锚杆试验方案，可有效控制顶板离层。

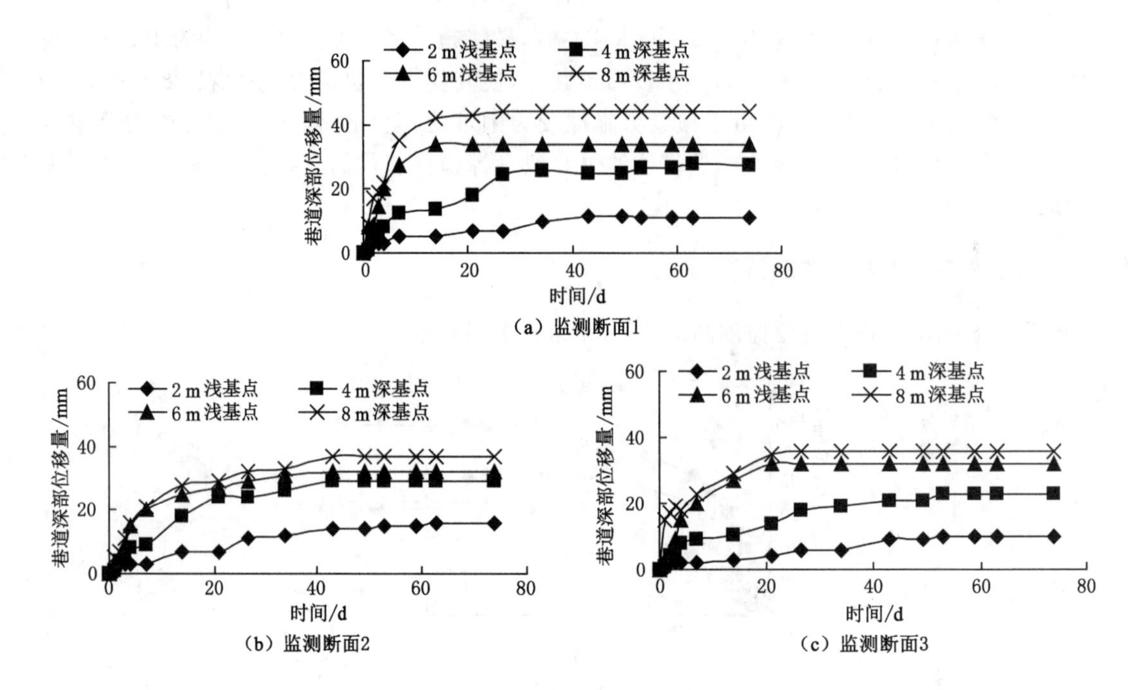

图 7-9 巷道内部位移监测结果

四、小结

根据西翼轨道大巷现场地质条件,采用新引进的高强左旋无纵筋螺纹钢锚杆,设计了高强锚杆支护方案,并通过开展现场试验,可以看出:

① 新型高强锚杆试验段内锚杆由于初始施加了较高预紧力,使其受力普遍较大,一般在 98 kN 左右;

② 新型高强锚杆试验段内巷道顶板下沉量最大值仅为 65 mm,与原支护方案相比,减少了将近 50%。

与原支护方案相比,新型高强锚杆试验方案通过采用高强锚杆,施加高预紧力,可充分发挥高强锚杆的支护潜力,调动围岩锚杆支护方案,能够有效控制巷道顶板与两帮的变形破坏,巷道顶板位移量与顶板岩层的离层数量均明显减小,实现锚杆与锚索支护系统的耦合,增加支护系统刚度,提高现场巷道的支护强度。

第八章 主要结论

根据彭庄煤矿西翼轨道大巷原支护方案下现场前期监测结果，分析了原支护条件下巷道围岩变形破坏的主要问题，并利用现场所取岩芯试件开展室内试验，研究了巷道围岩峰后变形破坏特征，提出了峰后应变软化本构模型，并采用该本构模型对各支护方案进行了数值模拟分析，提出了优化后的支护方案，确定了合理的锚杆、锚索预紧力及锚杆长度，并通过开展现场试验，验证了新型高强锚杆支护方案下巷道围岩控制效果。主要结论如下：

① 原支护条件下巷道围岩松动破坏范围较大，且围岩松动破坏深度具有一定的波动性和局限性，围岩最大破坏范围达到 4.6 m；巷道开挖后顶板离层严重，顶板最大离层位移深部为 66 mm，浅部为 48 mm；平均位移深部为 57 mm，浅部为 42 mm，顶板离层较大；巷道表面位移较大，其中底鼓量最大，最大值达到 225 mm，两帮内移量次之，最大值为 157 mm，顶板下沉量较小，最大值为 120 mm。锚杆支护效果不好，且锚杆预紧力整体较小，不同监测断面锚杆受力不均匀，有的锚杆受力较小，仅有很小的 40 kN，说明没能发挥应有的支护加固作用；还有的锚杆最大荷载为 165 kN，已基本达到或接近锚杆的屈服强度和破断强度。

② 利用现场所取岩芯试件，开展室内三轴试验，得到了西翼轨道大巷围岩力学参数，分析了围岩峰后变形破坏特征，并建立了围岩峰后变形破坏的应变软化本构模型，对比分析表明，该本构模型能够较好地刻画围岩峰后的力学软化行为，理论分析结果与室内试验结果较吻合，反映了西翼轨道大巷现场围岩变形破坏特征，为现场支护方案确定与支护参数选取奠定了基础。

③ 基于峰后应变软化本构模型，在 FLAC3D 数值计算软件中进行二次开发，并设计了锚杆＋锚索联合支护方案，考虑锚杆、锚索不同预紧力及不同锚杆长度等因素影响，进行数值模拟分析，得出锚杆、锚索取为不同预紧力的条件下的三种支护优化方案模拟结果，最终确定锚杆、锚索合理预紧力值分别为 90 kN 和 200 kN。通过对不同锚杆的围岩控制效果分析，得到合理的锚杆长度为 2.2 m。

④ 根据优化后的支护方案，引进了新型高强左旋无纵筋螺纹钢锚杆，并进行了室内拉拔试验测试，室内试验结果显示，与原支护锚杆相比，新型高强左旋无纵筋螺纹钢上丝锚杆杆体在保证足够延伸率的前提下，屈服荷载增加了 50％，极限荷载增加了 28％，整体性能得到了很大提高，可满足现场高强度的支护要求。同时，为满足现场高预紧力的施加要求，还配套引进了大力矩扭矩扳手，可实现现场锚杆高预紧力的施加。

⑤ 根据西翼轨道大巷现场地质条件，采用新引进的高强左旋无纵筋螺纹钢锚杆，设计了高强锚杆支护方案，并通过开展现场试验，可以看出：新型高强锚杆试验段内锚杆由于初始施加了较高预紧力，使其受力普遍较大，一般在 98 kN 左右；新型高强锚杆支护方案，能够有效控制巷道顶板与两帮的变形破坏，巷道顶板内部位移值与离层量明显减小；巷道顶板下沉量最大值仅为 65 mm，与原支护方案相比，减少了将近 50％。

综上可以看出,与原支护方案相比,新型高强锚杆试验方案通过采用高强锚杆,施加高预紧力,可充分发挥高强锚杆的支护潜力,调动围岩的自承能力,有效控制围岩的变形破坏,减小巷道围岩离层量与表面收敛,实现锚杆与锚索支护系统的耦合,增加支护系统刚度,提高现场巷道的支护强度。

参考文献

[1] 陶文斌,陈铁林,唐彬.水平主应力对锚杆锚固区力学特征影响规律研究[J].哈尔滨工程大学学报,2019,40(6):1102-1108.

[2] 马文强,王同旭,张恒.再生顶板结构及巷道注-锚支护研究[J].采矿与安全工程学报,2018,35(4):693-700.

[3] 谷拴成,周攀,黄荣宾.锚杆-围岩承载结构支护下隧洞稳定性分析[J].岩土力学,2018,39(增刊1):122-130.

[4] 唐春安,陈峰,孙晓明,等.恒阻锚杆支护机理数值分析[J].岩土工程学报,2018,40(12):2281-2288.

[5] 贺鹏,李术才,李利平,等.裂隙岩体小净距超大断面隧道围岩非连续变形分析[J].岩土工程学报,2018,40(10):1889-1896.

[6] ZHANG J P,LIU L M,SHAO J,et al. Mechanical properties and application of right-hand rolling-thread steel bolt in deep and high stress roadway [J]. Metals,2019,9(346):1-18.

[7] MENG Q B,HAN L J,CHEN Y L,et al. Influence of dynamic pressure on deep underground soft rock roadway support and its application [J]. International journal of mining science and technology,2016,26(5):903-912.

[8] YAO Q L,ZHOU J,LI Y N,et al. Distribution of side abutment stress in roadway subjected to dynamic pressure and its engineering application [J]. Shock and vibration,2015,9:1-11.

[9] WANG H W,JIANG Y D,XUE S,et al. Assessment of excavation damaged zone around roadways under dynamic pressure induced by an active mining process[J]. International journal of rock mechanics and mining sciences,2015,77:265-277.

[10] 彭高友,高明忠,吕有厂,等.深部近距离煤层群采动力学行为探索[J].煤炭学报,2019,44(7):1971-1980.

[11] 吕有厂,何志强,王英伟,等.超千米深部矿井采动应力显现规律[J].煤炭学报,2019,44(5):1326-1336.

[12] 汪文勇,高明忠,王满,等.深埋沿空留巷采动变形特征及应力分布规律探索[J].岩石力学与工程学报,2019,38(增刊1):2955-2963.

[13] 贾瀚文,范廷鹏,徐云飞.动压软岩巷道围岩控制相关研究综述[J].煤炭技术,2014,33(3):5-6.

[14] 毛光宁.美国锚杆支护综述[J].中国煤炭,2001,27(11):54-58,60.

[15] 徐锁庚.国内外锚杆钻机的现状及发展趋势[J].煤矿机械,2007,28(11):1-3.

[16] 宋海涛,张益东,朱卫国.锚杆支护现状及其发展[J].矿山压力与顶板管理,1999(1):3-5,89.

[17] 江金硕,李荣建,刘军定,等.基于黄土联合强度的黄土隧道围岩应力及位移研究[J].岩土工程学报,2019,41(增刊2):189-192.

[18] 王德超,王洪涛,李术才,等.基于煤体强度软化特性的综放沿空掘巷巷帮受力变形分析[J].中国矿业大学学报,2019,48(2):295-304.

[19] 冯友良.煤巷围岩应力分布特征及帮部破坏机理研究[J].煤炭科学技术,2018,46(1):183-191.

[20] 贾传洋.孤岛工作面应力分布规律及防冲技术研究[J].中国矿业,2018,27(9):145-149.

[21] 刘艳章,李京,胡斌,等.确定交叉巷道锚杆支护参数的围岩平均应力集中系数分析方法[J].金属矿山,2018(7):32-37.

[22] 赵翔,魏玉峰,郝腾飞,等.圆形地下洞室开挖围岩扰动区及塑性区范围的确定及讨论[J].公路,2018,63(4):264-268.

[23] WU R,HE Q Y,OH J,et al. A new gob-side entry layout method for two-entry longwall systems[J]. Energies,2018,11(2084):1-24.

[24] LI L F,GONG W L,WANG J,et al. Coal pillar width design in high-stress gob-side entry driving[J]. Journal of engineering science & technology review,2018,11(4):52-60.

[25] ZHANG Z Z,YU X Y, WU H, et al. Stability control for gob-side entry retaining with supercritical retained entry width in thick coal seam longwall mining[J]. Energies,2019,12(1375):1-16.

[26] HAN C L,ZHANG N,XUE J H,et al. Multiple and long-term disturbance of gob-side entry retaining by grouped roof collapse and an innovative adaptive technology[J]. Rock mechanics and rock engineering,2018,52(8):2761-2773.

[27] ZHANG J W. Stability of split-level gob-side entry in ultra-thick coal seams:a case study at Xiegou mine[J]. Energies,2019,12(628):1-12.

[28] 李剑光,魏剑,史啸,等.软弱夹层倾角对巷道围岩稳定性的影响[J].科学技术与工程,2019,19(21):285-289.

[29] 刘文博,张树光,林晓楠,等.基于加速蠕变改进的巷道围岩蠕变模型[J].中国安全科学学报,2019,29(5):124-130.

[30] 王猛,郑冬杰,王襄禹,等.深部巷道钻孔卸压围岩弱化变形特征与蠕变控制[J].采矿与安全工程学报,2019,36(3):437-445.

[31] 陈静,江权,冯夏庭,等.基于位移增量的高地应力下硐室群围岩蠕变参数的智能反分析[J].煤炭学报,2019,44(5):1446-1455.

[32] 文丽娜,程谦恭,程强,等.围岩附加拉力对隧道锚蠕变特性的影响研究[J].铁道工程学报,2019,36(3):32-37,71.

[33] 何满潮,胡江春,段庆全,等.工程软岩表面形态及其摩擦特性研究[J].煤田地质与勘探,2005,33(5):40-43.

[34] 贾宝山,解茂昭,章庆丰,等.卸压支护技术在煤巷支护中的应用[J].岩石力学与工程学报,2005,24(1):116-120.

[35] 王家明.大跨度综采开切眼新型预应力锚杆支护综合控制技术[J].煤炭工程,2010(8):34-36.

[36] 朱宏锐.高地应力下高强预应力锚杆快速施工技术研究[J].铁道建筑,2009(6):63-66.

[37] 张农,高明仕.煤巷高强预应力锚杆支护技术与应用[J].中国矿业大学学报,2004,33(5):524-527.

[38] 秦忠诚,付彪,周杨,等.让压管材料特性参数敏感度正交试验研究[J].煤矿安全,2019,50(4):50-53.

[39] 吴福宝,王梓芃,夏才初,等.让压锚杆让压管长度的解析设计方法[J].隧道建设(中英文),2019,39(1):119-124.

[40] 刘立民,陈柘儒,李超.采区大断面硐室让压支护控制技术研究[J].煤炭技术,2017,36(6):1-3.

[41] 秦忠诚,秦琼杰,陈文龙,等.深井高地应力让压支护技术及应用[J].矿业研究与开发,2017,37(3):93-97.

[42] 杨喻声.一种大尺度让压锚杆特性分析及其应用研究[J].隧道建设,2017,37(3):321-329.

[43] 谷拴成,周攀,黄荣宾,等.锚杆—围岩承载结构力学特性分析[J].矿业研究与开发,2018,38(8):33-38.

[44] 谷拴成,周攀.软岩巷道锚杆支护特性分析[J].煤矿安全,2018,49(7):224-228,233.

[45] 郑志军,张百胜.基于松动圈理论的破碎软岩巷道支护研究与应用[J].煤炭技术,2017,36(5):76-78.

[46] 王国栋,陈明.基于理论计算和工程类比的大断面煤巷支护设计[J].煤炭技术,2017,36(3):105-108.

[47] 张斌川,卢辉,刘路,等.不同支护形式下深部巷道支护对比试验研究[J].中国煤炭,2014,40(12):38-41.

[48] 朱浮声,郑雨天.全长粘结式锚杆的加固作用分析[J].岩石力学与工程学报,1996,15(4):333-337.

[49] 聂海洋.左、右旋无纵筋锚杆强度和锚固性对比试验研究[J].内蒙古煤炭经济,2017(2):114-115.

[50] 郭小兵,米文川,岳帮礼.地质雷达在深部煤巷围岩松动圈范围探测中的应用[J].建井技术,2013,34(4):43-45.

[51] 白哲,周中一.佑溪大桥2#桩桩基的地质雷达探测[J].中国水运,2008,8(1):85-86.

[52] 康省桢.参数选取对探地雷达厚度检测的影响[J].筑路机械与施工机械化,2007(1):26-29.

[53] 廖立坚,杨新安.提高探地雷达剖面分辨率的方法[J].物探化探计算技术,2008(1):63-65,92.

[54] 李大心.探地雷达方法与应用[M].北京:地质出版社,1994.

[55] 韩振中,张文连.地质雷达在隧道检测中的波形识别及应用[J].筑路机械与施工机械化,2008(6):66-68.

[56] 韩振中,黄启舒.地质雷达在隧道检测中的应用[J].公路交通科技(应用技术版),2008(2):126-128.

[57] 周辉,张凯,冯夏庭,等.脆性大理岩弹塑性耦合力学模型研究[J].岩石力学与工程学报,2010,29(12):2398-2409.

[58] 李文婷,李树忱,冯现大,等.基于莫尔-库仑准则的岩石峰后应变软化力学行为研究[J].岩石力学与工程学报,2011,30(7):1460-1466.

[59] 李文婷.岩石峰后应变软化本构方程及数值模拟方法研究[D].济南:山东大学,2012.

[60] JOSEPH T G. Estimation of the post-failure stiffness of rock[D]. Alberta: University of Alberta,2000.

[61] ZHAO G J,CHEN C,DONG X J,et al. Application of FLAC3D for simulation of the borehole hydraulic mining of Nong'an oil shale[J]. Oil shale,2014,31(3):278-288.

[62] KRUPNIK L A,SHAPOSHNIK Y N,SHOKAREV D A,et al. Improvement of support technology in Artemevsk mine of Vostoktsvetmet[J]. Journal of mining science,2017,53(6):1096-1102.

[63] STEVEN J, BROOK S, ESCUDERO-OÑATE C, et al. An ecotoxicological assessment of mine tailings from three Norwegian mines[J]. Chemosphere, 2019,6:818-827.

[64] WANG F T,DUAN C H,TU S H,et al. Hydraulic support crushed mechanism for the shallow seam mining face under the roadway pillars of room mining goaf [J]. International journal of mining science and technology, 2017, 27 (5): 853-860.

[65] 王文才,王政,尹旭,等.大断面回采巷道围岩耦合支护技术[J].煤矿安全,2019,50(7):277-281.

[66] 杨灵敏,于世波,杨海辉,等.会泽矿山深部高应力巷道耦合支护对策及其应用[J].中国矿业,2019,28(增刊1):279-283.

[67] 张勇,孙晓明,郑有雷,等.深部回采巷道防冲释能耦合支护技术及应用[J].岩石力学与工程学报,2019,38(9):1860-1869.

[68] 李冠军,赵光明,孟祥瑞,等.综放沿空动压巷道锚网索耦合支护研究[J].中国安全科学学报,2019,29(2):125-132.

[69] 荆升国,苏致立,王兴开.大断面硐室碹体-锚索耦合支护机理研究与应用[J].采矿与安全工程学报,2018,35(6):1158-1163.

[70] 赵万里,杨战标.深部软岩巷道强力锚注支护技术研究[J].煤炭科学技术,2018,46(12):92-97.

[71] 郝登云,陈海俊,王龙.特厚煤层对采对掘巷道锚网强力支护技术研究[J].煤矿开采,2018,23(4):39-44.

[72] 石成涛,程蓬,杨小军,等.寺家庄矿煤巷帮顶协同强力支护技术研究[J].中国煤炭,2017,43(9):63-67.

[73] 郝存义,付玉凯.高预紧力强力支护技术在玉溪煤矿中央回风大巷中的应用[J].煤矿安全,2016,47(11):159-161.